计算机网络安全技术及应用研究

甘 炜 陈 牧 主编

汕頭大學出版社

图书在版编目（CIP）数据

计算机网络安全技术及应用研究 / 甘炜，陈牧主编
. -- 汕头 : 汕头大学出版社，2022.11
ISBN 978-7-5658-4878-0

Ⅰ. ①计… Ⅱ. ①甘… ②陈… Ⅲ. ①计算机网络－安全技术－研究 Ⅳ. ① TP393.08

中国版本图书馆 CIP 数据核字（2022）第 238826 号

计算机网络安全技术及应用研究
JISHUANJI WANGLUO ANQUAN JISHU JI YINGYONG YANJIU

主　　编：甘　炜　陈　牧
责任编辑：郭　炜
责任技编：黄东生
封面设计：中图时代
出版发行：汕头大学出版社
　　　　　广东省汕头市大学路 243 号汕头大学校园内　邮政编码：515063
电　　话：0754-82904613
印　　刷：廊坊市海涛印刷有限公司
开　　本：710mm × 1000 mm　1/16
印　　张：12.5
字　　数：200 千字
版　　次：2022 年 11 月第 1 版
印　　次：2023 年 1 月第 1 次印刷
定　　价：50.00 元
ISBN 978-7-5658-4878-0

前　言

计算机网络安全是一门涉及计算机科学、网络技术、通信技术、密码学技术、信息安全技术等多种学科的综合性学科。计算机网络安全是指网络系统的硬件、软件及其系统中的数据受到保护，不受偶然的或者恶意的原因而遭到破坏、更改、泄露，以确保系统能连续可靠正常地运行，网络服务不中断。网络安全从本质上来讲就是网络上的信息安全。从广义来说，凡是涉及网络上信息的保密性、完整性、可用性、真实性和可控性的相关理论和技术都是网络安全的研究领域。

影响计算机网络安全的因素很多，除了信息的不安全性以外，层出不穷的计算机病毒也给网络安全带来了威胁。另外，黑客对于网络安全的威胁也日趋严重。网络所面临的威胁很多，包括物理威胁（偷窃、废物搜寻、间谍行为、身份识别错误）、系统漏洞（乘虚而入、不安全服务、配置和初始化）、身份鉴别威胁（口令圈套、口令破解、算法考虑不周、编辑口令）、线缆连接威胁（窃听、拨号进入、冒名顶替）、有害程序（病毒、代码炸弹、特洛伊木马）。

本书在编写时采用了通俗易懂的语言，围绕计算机网络所涉及的安全问题讲述了各种相关的安全技术，主要内容包括：第一章计算机网络安全概述；第二章黑客的攻击方法；第三章计算机病毒；第四章数据加密技术；第五章防火墙技术；第六章 Windows Server 的安全；第七章 Web 应用安全。

本书在写作过程中参阅了大量相关文献与资料，引用了专家与学者的相关研究成果与观点，在此表示诚挚的谢意。因写作水平有限，书中不免有疏漏和不足之 处，恳请广大读者批评指正。

作　者

2022 年 5 月

目　录

第一章　计算机网络安全概述

本章简要介绍了网络安全领域中的问题，讲解了网络系统安全的重要性及网络系统脆弱性的原因。同时，本章给出了网络安全的定义，介绍了信息系统安全的发展历程。本章的重点是培养读者的兴趣，使读者的学习有一个良好的开端。

第一节　网络安全简介

一、网络安全的重要性

随着信息科技的迅速发展及计算机网络的普及，网络深入到国家的政府、军事、文教、金融、商业等诸多领域，可以说无处不在。资源共享和计算机网络安全一直作为一对矛盾体而存在着，随着计算机网络资源共享进一步加强，信息安全问题日益突出。

据中国互联网络信息中心（China Internet Network Information Center，CINIC）最新发布的中国互联网络发展状况统计报告显示，截至2015年12月底，中国网民规模达到6.88亿，互联网普及率为50.3%。中国手机网民规模达6.20亿，占比由2014年的85.8%提升至90.1%。

网民基数大，受到的威胁数量就不容小觑。单从病毒这一威胁来看，腾讯公司的互联网报告中统计出的2015年新增病毒样本就接近1.5亿个，病毒的总数量还是非常庞大的。各种计算机病毒和网上黑客对互联网的攻击越来越猛烈，网站遭受破坏的事例不胜枚举。

互联网在我国政治、经济、文化及社会活动中发挥着越来越重要的作用。作为国家关键基础设施和新的生产、生活工具，互联网的发展极大地促进了信息流通和共享，提高了社会生产效率和人民生活水平，促进了经济社会的发展。随着互联网的影响日益扩大、地位日益提升，维护网络安全工作的重要性日益突出。

网络系统出现故障会影响国计民生。1992 年，美国联邦航空管理局的一条光缆被无意间挖断，导致所属的 4 个主要空中交通管制中心关闭 35 小时，成百上千航班被延误或取消。2008 年 3 月，英国伦敦希斯罗机场第五航站楼的电子网络系统在启用当天就发生故障，致使第五航站楼陷入混乱。

2015 年信息泄露是信息安全中影响最大的因素，其中数量最大的 4 起事件分别为：美国人事管理局 2 700 万政府雇员及申请人信息泄露；美国第二大医疗保险公司 Anthem 8 000 万客户及员工资料泄露；婚外恋网站 Ashley Madison 3 700 万用户信息泄露；意大利间谍软件公司 Hacking Team 被黑，包含多个零日漏洞、入侵工具和大量工作邮件及客户名单的 400G 数据被传到网上任意下载。这 4 起信息泄露事件的影响面各有不同：美国人事管理局（The Office of Personal Mangement，OPM）把这次事件上升到国与国之间网络战争的政治影响；Anthem 主要事关客户个人保险号和病历；Ashley Madison 则主要为隐私和道德问题。这些信息的泄露涉及许多个人的信息安全。

除了民生，信息安全还与国家安全息息相关，涉及国家政治和军事命脉，影响国家安全和主权。一些发达国家，如英国、美国、日本、俄罗斯等，把国家网络安全纳入了国家安全体系。

2013 年的“斯诺登”事件对全世界产生的影响是巨大的。爱德华·斯诺登曾是美国中情局（Central Intelligence Agency，CIA）职员，其通过英国《卫报》和美国《华盛顿邮报》披露了棱镜计划。棱镜计划（PRISM）是一项由美国国家安全局（National Security Agency，NSA）自 2007 年开始实施的绝密电子监听计划。许可监听的对象包括任何在美国以外地区使用参与计划公司服务的客户，或是任何与国外人士通信的美国公民。国家安全局在 PRISM 计划中可以获得的数据包括电子邮件、视频和语音交谈、影片、照片、VoIP 交谈内容、档案传输、登入通知，以及社交网络细节。监听对象还包括其他国家政要，监听范围之广令人震惊。NSA 直接进入美国网际网络公司的中心服务器里挖掘数据、收集情报，包括微软、雅虎、谷歌、苹果等在内的9家国际网络巨头都参与其中，为他们挖掘各大技术公司的数据提供便利。

NSA曾与加密技术公司RSA达成了1 000万美元的协议，要求在移动终端广泛使用的加密技术中放置后门。RSA此次曝出的丑闻影响非常巨大，作为信息安全行业的基础性企业，RSA的加密算法如果被安置后门，将影响到非常多的领域。

RSA客户遍及各行各业，包括电子商贸、银行、政府机构、电信、宇航业、大学等。超过7 000家企业，逾800万用户（包括财富500强中的90%）均使用RSA SecurlD认证产品保护企业资料，而超过500家公司在逾1 000种应用软件安装有RSA BSafe软件。据第三方调查机构显示，RSA在全球的市场份额达到70%。

斯诺登揭露的可能是美国对外信息安全战略中的冰山一角，但是足够引起其他国家的重视，引发其他国家开始思索：如何摆脱对美国软件、硬件的依赖，发展自主知识产权的安全产品。

信息安全空间将成为传统的国界、领海、领空的三大国防和基于太空的第四国防之外的第五国防空间，称为Cyber-Space，是国际战略在军事领域的演进。这对我国网络安全提出了严峻的挑战。我们国家对信息安全的建设也非常重视，加快建设我国网络安全保障体系。

2016年我国在第十三个五年规划纲里列出了未来中国计划实施的100个重大工程及项目，其中明确与信息安全相关的项目有：量子通信与量子计算机、国家网络空间安全和构建国家网络安全和保密技术保障体系。

二、网络脆弱性的原因

（一）开放性的网络环境

网络空间之所以易受攻击，是因为网络系统具有开放、快速、分散、互联、虚拟、脆弱等特点。网络用户可以自由访问任何网站，几乎不受时间和空间的限制。信息传输速度极快，因此，病毒等有害信息可在网上迅速扩散和放大。网络基础设施和终端设备数量众多，分布地域广阔，各种信息系统互联互通，用户身份和位置真假难辨，构成了一个庞大而复杂的虚拟环境。此外，网络软件和协议存在许多技术漏洞，让攻击者有了可乘之机。这些特点都给网络空间的安全管理造成了巨大的困难。

互联网是跨国界的，这意味着网络的攻击不仅仅来自本地网络的用户，也可以来自互联网上的任何一台机器。互联网是一个虚拟的世界，所以无法得知联机的另一端是谁。

网络建立初期只考虑方便性、开放性，并没有考虑总体安全构想，因此，任何一个人、团体都可以接入，网络所面临的破坏和攻击可能是多方面的。例如，可能是对物理传输线路的攻击，也可能是对网络通信协议及应用的攻击；可能是对软件的攻击，也可能是对硬件的攻击。

（二）协议本身的脆弱性

网络传输离不开通信协议，而这些协议也有不同层次、不同方面的漏洞，针对 TCP/IP 等协议的攻击非常多，在以下几个方面都有攻击的案例。

1. 网络应用层服务的安全隐患

例如，攻击者可以利用 FTP、Login、Finger、Whois、WWW 等服务来获取信息或取得权限。

2. IP 层通信的易欺骗性

由于 TCP/IP 本身的缺陷，IP 层数据包是不需要认证的，攻击者可以假冒其他用户进行通信，此过程即 IP 欺骗。

3. 针对 ARP 的欺骗性

ARP 是网络通信中非常重要的协议。基于 ARP 的工作原理，攻击者可以假冒网关，阻止用户上网，此过程即 ARP 欺骗。近年来 ARP 攻击更与病毒结合在一起，破坏网络的连通性。

4. 易被监视性

局域网中，以太网协议的数据传输机制是广播发送，使系统和网络具有易被监视性。在网络上，黑客能用嗅探软件监听到口令和其他敏感信息。

（三）操作系统的漏洞

网络离不开操作系统，操作系统的安全性对网络安全同样有非常重要的影响，有很多网络攻击方法都是从寻找操作系统的缺陷入手的。操作系统的缺陷有以下几个方面。

1. 系统模型本身的缺陷

这是系统设计初期就存在的，无法通过修改操作系统程序的源代码来弥补。

2. 操作系统程序的源代码存在 Bug（漏洞）

操作系统也是一个计算机程序，任何程序都会有 Bug，操作系统也不会例外。例如，冲击波病毒针对的就是 Windows 操作系统的 RPC 缓冲区溢出漏洞。那些公布了源代码的操作系统所受到的威胁更大，黑客会分析其源代码，找到漏洞进行攻击。

3. 操作系统程序的配置不正确

许多操作系统的默认配置安全性很差，进行安全配置比较复杂，并且需要一定的安全知识，许多用户并没有这方面的能力，如果没有正确地配置这些功能，也会造成一些系统的安全缺陷。

Microsoft 公司在 2010 年发布了 106 个安全公告，修补了 247 个操作系统的漏洞，比 2009 年多 57 个。漏洞的大量出现和不断快速增加补丁是网络安全总体形势趋于严峻的重要原因之一。不仅仅操作系统存在这样的问题，其他应用系统也一样。例如，微软公司在 2010 年 12 月推出 17 款补丁，用于修复 Windows 操作系统、IE 浏览器、Office 软件等存在的 40 个安全漏洞。在我们实际的应用软件中，存在的安全漏洞可能更多。

（四）人为因素

许多公司和用户的网络安全意识薄弱、思想麻痹，这些管理上的人为因素也影响了安全。

三、网络安全的定义

国际标准化组织（International Organization for Standardization，ISO）引用ISO 74982文献中对安全的定义：安全就是最大限度地减少数据和资源被攻击的可能性。

《计算机信息系统安全保护条例》的第三条规范了包括计算机网络系统在内的计算机信息系统安全的概念："计算机信息系统的安全保护，应当保障计算机及其相关的和配套的设备、设施（含网络）的安全，运行环境的安全，保障信息的安全，保障计算机功能的正常发挥，以维护计算机信息系统的安全运行。"

从本质上讲，网络安全是指网络系统的硬件、软件和系统中的数据受到保护，不因偶然的或者恶意的攻击而遭到破坏、更改、泄露，系统连续可靠正常地运行，网络服务不中断。广义上讲，凡是涉及网络上信息的保密性、完整性、可用性、可控性和不可否认性的相关技术和理论都是网络安全所要研究的领域。

网络安全的具体含义会随着重视"角度"的变化而变化。例如，从用户（个人、企业等）的角度来说，希望涉及个人隐私或商业利益的信息在网络上传输时受到机密性、完整性和真实性的保护，避免其他人或对手利用窃听、冒充、篡改、抵赖等手段侵犯用户的利益和隐私。从网络运行和管理者的角度来说，希望对本地网络信息的访问、读、写等操作受到保护和控制，避免出现后门、病毒、非法存取、拒绝服务、网络资源非法占用和非法控制等威胁，从而制止和防御网络黑客的攻击。从安全保密部门的角度来说，希望对非法的、有害的或涉及国家机密的信息进行过滤和防堵，避免机要信息泄露，避免对社会产生危害、对国家造成巨大损失。从社会教育和意识形态的角度来说网络上不健康的内容会对社会的稳定和人类的发展造成阻碍，必须对其进行控制。

四、网络安全的基本要素

网络安全的5个基本要素是：保密性、完整性、可用性、可控性与不可否认性。

（一）保密性

保密性是指保证信息不能被非授权访问，即非授权用户得到信息也无法知晓信息内容，因而不能使用。通常通过访问控制来阻止非授权用户获得机密信息，还通过加密阻止非授权用户获知信息内容，确保信息不暴露给未授权的实体或者进程。

（二）完整性

完整性是指只有得到允许的人才能修改实体或者进程，并且能够判断实体或者进程是否已被修改。一般通过访问控制阻止篡改行为，同时通过消息摘要算法来检验信息是否被篡改。

（三）可用性

可用性是信息资源服务功能和性能可靠性的度量，涉及物理、网络、系统、数据、应用和用户等多方面的因素，是对信息网络总体可靠性的要求。授权用户根据需要，可以随时访问所需信息，攻击者不能占用所有的资源而阻碍授权者的工作。使用访问控制机制阻止非授权用户进入网络，使静态信息可见、动态信息可操作。

（四）可控性

可控性主要是指对危害国家信息（包括利用加密的非法通信活动）的监视审计，控制授权范围内的信息的流向及行为方式。使用授权机制，控制信息传播的范围、内容，必要时能恢复密钥，实现对网络资源及信息的可控性。

（五）不可否认性

不可否认性是对出现的安全问题提供调查的依据和手段。使用审计、监控、防抵赖等安全机制，使攻击者、破坏者、抵赖者“逃不脱”，并进一步对网络出现的安全问题提供调查依据和手段，实现信息安全的可审查性。一般通过数字签名等技术来实现不可否认性。

第二节　信息安全的发展历程

随着科学技术的发展，信息安全技术也进入了高速发展的时期。人们对信息安全的需求也从单一的通信保密发展到各种各样的信息安全产品、技术手段等多方面。总体来说，信息安全技术在发展过程中经历了以下 4 个阶段。

一、通信保密阶段

20 世纪 40 年代到 20 世纪 70 年代，通信技术还不发达，面对电话、电报、传真等信息交换过程中存在的安全问题，重点通过密码技术解决通信保密问题，保证数据的保密性与完整性，对安全理论和技术的研究也只侧重于密码学，这一阶段的信息安全可以简单地称为通信安全，即 COMSEC（Communication Security）。

这个阶段的标志性事件是：1949 年 Shannon 发表的《保密通信的信息理论》将密码学纳入了科学的轨道；1976 年 Diffie 与 Hellman 在《New Directions in Cryptography》一文中提出了公钥密码体制；美国国家标准协会在 1977 年公布了《国家数据加密标准》（*Data Encryption Standard*，DES）。这时人们关心的只是通信安全，重点是通过密码技术解决通信保密问题，而且主要的关心对象是军方和政府。

当时，美国政府和一些大公司已经认识到了计算机系统的脆弱性。但是，当时计算机使用范围不广，再加上美国政府将其当作敏感问题而施加控制。因此，有关计算机安全的研究一直局限在比较小的范围。

二、计算机安全阶段

20 世纪 80 年代后，计算机的性能迅速提高，应用范围不断扩大，计算机和网络技术的应用进入了实用化和规模化阶段，人们利用通信网络把孤立的计算机系统连接起来并共享资源，信息安全问题也逐渐受到重视。人们对安全的关注已经逐渐扩展为以保密性、完整性和可用性为目标的计算机安全阶段，即 COMPSEC（Computer Security）。

这一时期的标志是美国国防部在 1983 年出版的《可信计算机系统评价准则》（*Trusted Computer System Evaluation Criteria*，TCSEC），为计算机安全产品的评测提供了测试方法，指导信息安全产品的制造和应用。美国国防部 1985 年再版的《可信计算机系统评价准则》（又称“橙皮书”）使计算机系统的安全性评估有了一个权威性的标准。

这个阶段的重点是确保计算机系统中的软、硬件及信息在处理、存储、传输中的保密性、完整性和可用性。安全威胁已经扩展到非法访问、恶意代码、口令攻击等。

三、信息技术安全阶段

20 世纪 90 年代，主要安全威胁发展到网络入侵、病毒破坏、信息对抗的攻击等，网络安全的重点放在确保信息在存储、处理、传输过程中及信息系统不被破坏，确保合法用户的服务和限制非授权用户的服务，以及必要的防御攻击的措施。此时已转化为强调信息的保密性、完整性、可控性、可用性的信息安全阶段，即 ITSEC（Information Technology Security）。

这个阶段的主要保护措施包括防火墙、防病毒软件、漏洞扫描、入侵检测、PKI、VPN 等措施。

这一时期的主要标志是在 1993 年至 1996 年美国国防部在 TCSEC 的基础上提出了新的安全评估准则《信息技术安全通用评估准则》，简称 CC。1996 年

12 月，ISO 采纳 CC，并作为国际标准 ISO/IEC 15408 发布。2001 年，我国将 ISO/IEC 15408 等同转化为国家标准——GB/T 18336-2001《信息技术安全性评估准则》。

四、信息保障阶段

20 世纪 90 年代后期，随着电子商务等的发展，网络安全衍生出了诸如可控性、抗抵赖性、真实性等其他原则和目标。此时对安全性有了新的需求：可控性，即对信息及信息系统实施安全监控管理；不可否认性，即保证行为人不能否认自己的行为。信息安全也转化为从整体角度考虑其体系建设的信息保障（Information Assurance）阶段，也称为网络信息系统安全阶段。

这一时期，在密码学方面，公开密钥密码技术得到了长足的发展，著名的 RSA 公开密钥密码算法获得了广泛的应用，用于完整性校验的散列函数的研究也越来越多。此时主要的保护措施包括防火墙、防病毒软件、漏洞扫描、入侵检测系统、PKI、VPN 等。

此阶段中，信息安全受到空前的重视，各个国家分别提出自己的信息安全保障体系。1998 年，美国国家安全局制定了《信息保障技术框架》（*Information Assurance Technical Framework*，IATF），提出了“深度防御策略”，确定了包括网络与基础设施防御、区域边界防御、计算环境防御和支撑性基础设施的深度防御目标。

面对日益严峻的国际网络空间形势，我们也立足国情，创新驱动，解决受制于人的问题。我国在“十三五”规划中明确提出将开始构建国家网络安全和保密技术保障体系，坚持纵深防御，构建牢固的网络安全保障体系。

第三节　网络安全所涉及的内容

在互联网中，网络安全的概念和日常生活中的安全一样常被提及，而网络安全到底包括什么，具体又涉及哪些技术，大家未必清楚，可能会认为网络安全只是防范黑客和病毒。其实，网络安全是一门交叉学科，涉及多方面的理论和应用知识，除了数学、通信、计算机等自然科学外，还涉及法律、心理学等社会科学，是一个多领域的复杂系统。

网络安全涉及上述多种学科的知识，而且随着网络应用的范围越来越广，以后涉及的学科领域有可能会更加广泛。一般地，把网络安全涉及的内容分为5个方面。

一、物理安全

保证计算机信息系统各种设备的物理安全，是整个计算机信息系统安全的前提。物理安全是指保护计算机网络设备、设施及其他媒体，免遭地震、水灾、火灾等环境事故，以及人为操作失误、错误或者各种计算机犯罪行为导致的破坏。物理安全主要包括以下3个方面。

1. 环境安全

对系统所在环境的安全保护，如区域保护和灾难保护。

2. 设备安全

主要包括设备的防盗、防毁、防电磁信息辐射泄露、防止线路截获、抗电磁干扰及电源保护等。

3. 媒体安全

包括媒体数据的安全及媒体本身的安全。

二、网络安全

网络安全主要包括网络运行和网络访问控制的安全，如表1-2所示。下面对其中的重要组成部分予以说明。

在网络安全中，在内部网与外部网之间，设置防火墙实现内外网的隔离和访问控制，是保护内部网安全的最主要措施，同时也是最有效、最经济的措施之一。网络安全检测工具通常是一个网络安全性的评估分析软件或者硬件，用此类工具可以检测出系统的漏洞或潜在的威胁，以达到增强网络安全性的目的。

表 1-2　网络安全的组成部分

<table>
<tr><th>主体</th><th colspan="2">组成部分</th></tr>
<tr><td rowspan="8">网络安全</td><td rowspan="2">局域网、子网安全</td><td>访问控制（防火墙）</td></tr>
<tr><td>网络安全检测
（网络入侵检测系统）</td></tr>
<tr><td>网络中数据传输安全</td><td>数据加密（VPN 等）</td></tr>
<tr><td rowspan="2">网络运行安全</td><td>备份与恢复</td></tr>
<tr><td>应急</td></tr>
<tr><td rowspan="2">网络协议安全</td><td>TCP/IP</td></tr>
<tr><td>其他协议</td></tr>
</table>

备份系统为一个目的而存在，即尽可能快地全面恢复运行计算机系统所需的数据和系统信息。备份不仅在网络系统硬件故障或人为失误时起到保护作用，也在入侵者非授权访问或对网络攻击及破坏数据完整性时起到保护作用，同时也是系统灾难恢复的前提之一。

三、系统安全

一般人们对网络和操作系统的安全很重视，对数据库的安全不重视，其实数据库系统也是一款系统软件，与其他软件一样需要保护。系统安全的组成如表 1-3 所示。

表 1-3　系统安全的组成

主体	组成部分	
系统安全	操作系统安全	反病毒
		系统安全检测
		入侵检测（监控）
		审计分析
	数据库系统安全	数据库安全
		数据库管理系统安全

四、应用安全

应用安全的组成如表 1-4 所示。应用安全建立在系统平台之上，人们普遍会重视系统安全，而忽视应用安全，主要原因包括两个方面：第一，对应用安全缺乏认识；第二，应用系统过于灵活，需要较高的安全技术。网络安全、系统安全和数据安全的技术实现有很多固定的规则，应用安全则不同，客户的应用往往都是独一无二的，必须投入相对更多的人力物力，而且没有现成的工具，只能根据经验来手动完成。

表 1-4　应用安全的组成

主体	组成部分	
应用安全	应用软件开发平台安全	各种编程语言平台安全
		程序本身的安全
	应用系统安全	应用软件系统安全

五、管理安全

安全是一个整体，完整的安全解决方案不仅包括物理安全、网络安全、系统安全和应用安全等技术手段，还需要以人为核心的策略和管理支持。网络安全至关重要的往往不是技术手段，而是对人的管理。

这里需要谈到安全遵循的“木桶原理”，即一个木桶的容积决定于最短的一块木板，一个系统的安全强度等于最薄弱环节的安全强度。无论采用了多么先进的技术设备，只要安全管理上有漏洞，那么这个系统的安全一样没有保障。在网络安全管理中，专家们一致认为安全就是“30%的技术，70%的管理”。

同时，网络安全不是一个目标，而是一个过程，且是一个动态的过程。这是因为制约安全的因素都是动态变化的，必须通过一个动态的过程来保证安全。例如，Windows 操作系统经常公布安全漏洞，在没有发现系统漏洞前，大家可能认为自己的网络是安全的，实际上，系统已经处于威胁之中了，所以要及时地更新补丁。从 Windows 安全漏洞被利用的周期变化中可以看出：随着时间的推移，公布系统补丁到出现黑客攻击工具的速度越来越快，如表 1-5 所示。

表 1-5 Windows 漏洞被利用的周期

病毒名称	发现日期	利用的漏洞	漏洞公布日期	时间差（天）
Nimda（尼姆达）	2001. 9. 18	MS00-078：IIS	2000. 10. 17	330
Klez（求职信）	2001. 11. 9	MS01-020：MIME	2001. 3. 29	220
Slammer（蠕虫王）	2003. 1. 24	MS02-039：SQL 缓冲区溢出	2002. 7. 24	182
MS-Blaster（冲击波）	2003. 8. 11	MS03-026：RPC 缓冲区溢出	2003. 7. 16	25
Witty（维迪）	2004. 3. 22	ISS 公司的产品漏洞	2004. 3. 20	2

到 2006 年与安全漏洞关系密切的“零日攻击”现象在因特网上显著增多。“零日攻击”是指漏洞公布当天就出现相应的攻击手段。例如，2006 年出现的“魔波蠕虫”（利用 MS06-040 漏洞）及利用 Word 漏洞（MS06-011 漏洞）的木马攻击等。2009 年“暴风影音”最新版本出现的“零日漏洞”已被黑客大范围应用。“零日漏洞”于 4 月 30 日被首次发现，其存在于暴风影音 ActiveX 控件中。该控件存在远程缓冲区溢出漏洞，利用该漏洞，黑客可以制作恶意网页，用于完

全控制浏览者的计算机或传播恶意软件。

从总体上看，网络安全涉及网络系统的多个层次和多个方面，同时，也是动态变化的过程。网络安全实际上是一项系统工程，既涉及对外部攻击的有效防范，又包括制定完善的内部安全保障制度；既涉及防病毒攻击，又涵盖实时检测、防黑客攻击等内容。因此，网络安全解决方案不应仅仅提供对于某种安全隐患的防范能力，还应涵盖对于各种可能造成网络安全问题隐患的整体防范能力；同时，还应该是一种动态的解决方案，能够随着网络安全需求的增加而不断改进和完善。

第二章　黑客的攻击方法

本章讲述了黑客攻击的常用手段和相对应的防御方法，主要内容包括：网络扫描器的使用、加强口令安全的方法、网络监听的工作原理与防御方法、ARP欺骗及其防御方法、木马的工作原理与防御方法、拒绝服务攻击的原理与防御方法、缓冲区溢出的原理与防御方法和 TCP 会话劫持的原理与防御方法。在每个部分的讲解中，都是通过具体的实际操作，使读者在理解基本原理的基础上，重点掌握具体的方法，以逐步培养职业行动能力。黑客攻击手段多、内容涉及面广，本章只是针对一些典型黑客攻击技术进行分析和讲解，还需要读者通过查找相关资料进一步拓展、加深学习。

第一节　黑客概述

一、黑客的由来

黑客一词来自英语——单词 Hack。该词在美国麻省理工学院校园俚语中是“恶作剧”的意思，尤其是那些技术高明的恶作剧。确实，早期的计算机黑客个个都是编程高手。因此，“黑客”是人们对那些编程高手、迷恋计算机代码的程序设计人员的称谓。真正的黑客有自己独特的文化和精神，并不破坏其他人的系统，崇拜技术，对计算机系统的最大潜力进行智力上的自由探索。

美国《发现》杂志对黑客有以下 5 种定义。

（1）研究计算机程序并以此增长自身技巧的人。

（2）对编程有无穷兴趣和热忱的人。

（3）能快速编程的人。

（4）某专门系统的专家，如“UNIX 系统黑客”。

（5）恶意闯入他人计算机或系统，意图盗取敏感信息的人。对于这类人最合适的用词是 Cracker，而非 Hacker。两者最主要的不同是，Hacker 创造新东西，Cracker 破坏东西。或者用“白帽黑客”和“黑帽黑客”来区分两者，其中，试图破解某系统或网络以提醒该系统所有者的系统安全漏洞的人被称作“白帽黑客”。

早期许多非常出名的黑客一方面做了一些破坏，另一方面也推动了计算机技术的发展，有些甚至成为 IT 界的著名企业家或者安全专家。例如，李纳斯·托沃兹是非常著名的计算机程序员、黑客，后来与他人合作开发了 Linux 的内核。

现在的黑客各种各样，一部分成了真正的计算机入侵者与破坏者，以进入他人防范严密的计算机系统为生活的一大乐趣，从而构成了一个复杂的黑客群体，对国内外的计算机系统和信息网络构成极大的威胁。随着时间的推移，这些威胁发展得越来越复杂，不再是单机作战，而是呈现出分布式攻击的趋势。黑客技术与病毒技术也互相融合，攻击的破坏程度也越来越大。

二、黑客攻击的动机

随着时间的变化，黑客攻击的动机不再像以前那样简单了：只是对编程感兴趣，或是为了发现系统漏洞。现在，黑客攻击的动机越来越多样化，主要有以下几种。

（1）贪心——因为贪心而偷窃或者敲诈，有了这种动机，才引发许多金融案件。

（2）恶作剧——程序员搞的一些恶作剧，是黑客的老传统。

（3）名声——有些人为显露其计算机经验与才智，以便证明自己的能力，获得名气。

（4）报复/宿怨——被解雇、受批评或者被降级的雇员，或者认为自己受到不公正待遇的人，为了报复而进行攻击。

（5）无知/好奇——有些人拿到了一些攻击工具，因为好奇而使用。

（6）仇恨——国家和民族原因。

（7）间谍——政治和军事谍报工作。

（8）商业——商业竞争。

黑客技术是网络安全技术的一部分，主要是看用这些技术做什么，用来破坏其他人的系统就是黑客技术，用于安全维护就是网络安全技术。学习这些技术就是要对网络安全有更深的理解，从更深的层次提高网络安全。

三、黑客入侵攻击的一般过程

黑客入侵攻击的一般过程如下所述。

（一）确定攻击的目标

攻击者根据其目的的不同会选择不同的攻击对象。攻击行为的初始步骤是搜集攻击对象的尽可能详细的信息。这些信息包括：攻击对象操作系统的类型及版本、攻击对象提供哪些网络服务、各服务程序的类型及版本，以及相关的社会信息。

（二）收集被攻击对象的有关信息

黑客在获取了目标机及其所在的网络的类型后，还需要进一步获取有关信息，如目标机的 IP 地址、操作系统类型和版本、系统管理人员的邮件地址等，根据这些信息进行分析，可得到被攻击方系统中可能存在的漏洞。

（三）利用适当的工具进行扫描

收集或编写适当的工具，并在对操作系统分析的基础上对工具进行评估，判断有哪些漏洞和区域没有被覆盖。然后，在尽可能短的时间内对目标进行扫描。完成扫描后，可以对所获数据进行分析，发现安全漏洞，如 FTP 漏洞、NFS 输出到未授权程序中、不受限制的服务器访问、不受限制的调制解调器、Sendmail 的漏洞及 NIS 口令文件访问等。

（四）建立模拟环境，进行模拟攻击

根据之前所获得的信息，建立模拟环境，然后对模拟目标机进行一系列的攻击，测试对方可能的反应。通过检查被攻击方的日志，可以了解攻击过程中留下的“痕迹”。这样攻击者就可以知道需要删除哪些文件来毁灭其入侵证据了。

（五）实施攻击

根据已知的漏洞，实施攻击。通过猜测程序，可对截获的用户账号和口令进行破译；利用破译程序，可对截获的系统密码文件进行破译；利用网络和系统本身的薄弱环节和安全漏洞，可实施电子引诱（如安放特洛伊木马）等。黑客们或修改网页进行恶作剧，或破坏系统程序，或放病毒使系统陷入瘫痪，或窃取政治、军事、商业秘密，或进行电子邮件骚扰，或转移资金账户、窃取金钱等。

（六）清除痕迹

在入侵后，攻击者还会想尽办法消除痕迹。在消除掉痕迹后，攻击者还会做后门的安装，以方便他们后续的进入。

（七）创建后门

通过创建额外账号等手段，为下次入侵系统提供方便。

被信息安全业界奉为圣经的《黑客大曝光》一书，在其封底给出了黑客攻击的路线剖析图，将黑客攻击过程分为踩点、扫描、查点、获取访问、特权提升、拒绝服务、偷盗窃取、掩踪灭迹、创建后门等9个步骤。这9个步骤又可以分成信息收集（包括踩点、扫描、查点等3个步骤）、实施攻击（包括获取访问、特权提升、拒绝服务等3个步骤）、成功之后（包括偷盗窃取、掩踪灭迹、创建后门等3个步骤）3个阶段。

第二节　网络信息收集

一、常用的网络信息收集技术

入侵者确定攻击目标后，首先要通过网络踩点技术收集该目标系统的相关信息，包括 IP 地址范围、域名信息等；然后通过网络扫描进一步探测目标系统的开放端口、操作系统类型、所运行的网络服务，以及是否存在可利用的安全漏洞等；最后再通过网络查点技术对攻击目标实施更细致的信息探查，以获得攻击所需的更详细的信息，包括用户账号、网络服务类型和版本号等。通过收集这些网络信息，攻击者才能对目标系统的安全状况有一个大致的了解，从而针对性地寻求有效的攻击方法。攻击者收集的信息越全面越细致，就越有利于入侵攻击的实施。

在网络信息收集技术中，有一类 Whois 查询工具，可以查询获得目标系统的 DNS、IP 地址等注册登记信息。

Whois 查询也有小工具软件，如 SmartWhois 查询工具，可以通过 IP 地址查询目标系统的位置。

二、网络扫描器

网络扫描作为网络信息收集中最主要的一个环节，其主要目标是探测目标网络，以找出尽可能多的连接目标，然后进一步探测获取目标系统的开放端口、操作系统类型、运行的网络服务、存在的安全弱点等信息。这些工作可以通过网络扫描器来完成。

（一）扫描器的作用

对于扫描器的理解，大家一般会认为，这只是黑客进行网络攻击时的工具。扫描器对于攻击者来说是必不可少的工具，但同时它也是网络管理员掌握系统安全状况的必备工具，是其他工具所不能替代的。例如，一个系统存在“ASP 源代码暴露”的漏洞，防火墙发现不了这些漏洞，入侵检测系统也只有在发现有人试图获取 ASP 文件源代码的时候才报警，而通过扫描器，就可以提前发现系统的漏洞，打好补丁，做好防范。

因此，扫描器是网络安全工程师修复系统漏洞的主要工具。另外，扫描漏洞特征库的全面性是衡量扫描软件功能是否强大的一个重要指标。漏洞特征库越全面，越强大，扫描器的功能也越强大。

扫描器的定义比较广泛，不限于一般的端口扫描和针对漏洞的扫描，还可以是针对某种服务、某个协议的扫描，端口扫描只是扫描系统中最基本的形态和模块。扫描器的主要功能列举如下。

（1）检测主机是否在线。

（2）扫描目标系统开放的端口，有的还可以测试端口的服务信息。

（3）获取目标操作系统的敏感信息。

（4）破解系统口令。

（5）扫描其他系统的敏感信息。例如，CGI Scanner、ASP Scanner、从各个主要端口取得服务信息的 Scanner、数据库 Scanner 及木马 Scanner 等。

一个优秀的扫描器能检测整个系统各个部分的安全性，能获取各种敏感的信息，并能试图通过攻击以观察系统反应等。扫描的种类和方法不尽相同，有的扫描方式甚至相当怪异，且很难被发觉，却相当有效。

（二）常用扫描器

目前各种扫描器已经有不少，有的是在 DOS（Disk Operating System，磁盘操作系统）下运行，有的还提供 GUI（Graphical User Interface，图形用户界面）。表 2-1 列出了一些比较著名的扫描软件。

表 2-1　著名的扫描软件

名称	所属公司	特点
Nmap		优点：用指纹技术扫描目的主机的操作系统类型，用半连接进行端口扫描 缺点：对安装防火墙的主机扫描速度慢
ISS	ISS	优点：扫描比较全面，扫描报告形式多样，适合不同层次和管理者查看 缺点：速度慢
ESM	Symantec	Symantec 公司基于主机的扫描系统，管理功能比较强大，但报表非常不完善，并且功能上存在一定缺陷
流光	Fluxay	优点：扫描 Windows NT 系统用户名和猜测口令，可以扫描 cgi 漏洞
X-scan	安全焦点	优点：可以较全面地扫描 cgi 漏洞 缺点：扫描大范围网络会占用极大量的系统资源
SSS		优点：插件比较全面的扫描器，扫描 Windows NT 系列漏洞比较出色
LC		优点：审计 Windows 的弱口令

（三）端口扫描器预备知识

端口扫描器是最简单的一种扫描器，是对整个系统分析扫描的第一步。很多人认为端口扫描同时扫出了很多无用的信息，但是每一个被发现的端口都是一个入口，有很多被称为“木马”的后门程序就是在端口上做文章。很多免费的 TCP 端口扫描器和 UDP 端口扫描器，可以很容易地从网络中获取。

TCP 数据报中的各标志位介绍如下。

1. 顺序号

4字节，该字段用来确保数据报在传送时保持正确的顺序。

2. 确认号

4字节，该字段用来确认是否正确接收到了对方的所有数据。

3. 标志位

一共6bit，每一位作为一个标志，各标志介绍如下。

（1）SYN标志（同步标志）：标志位用来建立连接，让连接双方同步序列号。如果SYN=1而ACK=0，表示该数据报为连接请求；如果SYN=1而ACK=1，表示接受连接。

（2）ACK标志（确认标志位）：如果为1，表示数据报中的确认号是有效的；否则，数据报中的确认号无效。

（3）URG标志（紧急数据标志位）：如果为1，表示本数据报中包含紧急数据，此时紧急数据指针有效。

（4）PSH标志（推送标志位）：要求发送方的TCP立即将所有的数据发送给低层的协议，或者是要求接收方将所有的数据立即交给上层的协议。该标志的功能实际相当于对缓冲区进行刷新，如同将缓存中的数据刷新或者写入硬盘中一样。

（5）RST标志（复位标志位）：将传输层连接复位到其初始状态，作用是恢复到某个正确状态，以进行错误恢复。

（6）FIN标志（结束标志位）：作用是释放（结束）TCP连接。

下面简要介绍TCP/IP通信建立时的3次握手过程。

（1）发送方发送一个SYN标志位设置为1的数据报。

（2）接收方接收到该数据报，之后将返回一个SYN标志和ACK标志都置1的数据报。

（3）发送方接收到该数据报后再发送一个数据报。这时，只将ACK标志设置为1。

通过这样 3 次握手的过程，双方就建立了 TCP 连接。

（四）端口扫描器实现细节

一般端口扫描器根据操作系统的 TCP/IP 栈实现时对数据报处理的原则来判断端口的信息，大部分操作系统的 TCP/IP 栈遵循以下原则。

（1）当一个 SYN 或者 FIN 数据报到达一个关闭的端口时，TCP 丢弃数据报，同时发送一个 RST 数据报。

（2）当一个 SYN 数据报到达一个监听端口时，正常的 3 阶段握手继续，回答一个 SYN+ACK 数据报。

（3）当一个包含 ACK 的数据报到达一个监听端口时，数据报被丢弃，同时发送一个 RST 数据报。

（4）当一个 RST 数据报到达一个关闭的端口时，RST 被丢弃。

（5）当一个 RST 数据报到达一个监听端口时，RST 被丢弃。

（6）当一个 FIN 数据报到达一个监听端口时，数据报被丢弃。“FIN 行为”（关闭的端口返回 RST，监听端口丢弃包）在 URG 和 PSH 标志位置位时同样发生。所有的 URG、PSH 和 FIN 或者没有任何标记的 TCP 数据报都会引起“FIN 行为”。

上面讲述了 TCP/IP 数据报的格式和建立连接的 3 次握手过程，以及端口扫描器在 TCP/IP 的实现细节。这些对后面的学习非常重要。下面以 Nmap（Network Mapper）为例，详细介绍 Nmap 端口扫描器的功能。

三、端口扫描器演示实验

目前各种端口扫描器很多，在诸多端口扫描器中，Nmap 是佼佼者——它提供了大量的基于 DOS 的命令行的选项，还提供了支持 Window 系统的 GUI，能够灵活地满足各种扫描要求，而且输出格式丰富。

Nmap 是一个网络探测和安全扫描程序，系统管理者和个人可以使用这个软件扫描大型的网络，获取某台主机正在运行及提供什么服务等信息（注意：

Nmap 需要 WinPcap 的支持，所以要安装 WinPcap 程序之后，Nmap 才能正常运行）。Nmap 支持很多扫描技术，如 UDP、TCP connect（全连接扫描）、TCP SYN（半开扫描）、FTP 代理、反向标志、ICMP、FIN、ACK 扫描、圣诞树（Xmas Tree）、SYN 扫描和 Null 扫描。Nmap 还提供了一些高级特征，例如：通过 TCP/IP 栈特征探测操作系统类型，秘密扫描，动态延时和重传计算，并行扫描，通过并行 Ping 扫描探测关闭的主机，诱饵扫描，避开端口过滤检测，直接 RPC 扫描（无需端口映射），碎片扫描，以及灵活的目标和端口设定。

下面把相关主要扫描方式的原理结合具体实例介绍一下。

计算机每个端口的状态有 open、filtered、unfiltered。open 状态意味着目标主机的这个端口是开放的，处于监听状态。filtered 状态表示防火墙、包过滤和其他网络安全软件掩盖了这个端口，禁止 Nmap 探测其是否打开。unfiltered 表示这个端口关闭，并且没有防火墙/包过滤软件来隔离 Nmap 的探测企图。通常情况下，端口的状态基本都是 unfiltered，所以这种状态不显示。只有在大多数被扫描的端口处于 filtered 状态下，才会显示处于 unfiltered 状态的端口。

下面是 Nmap 支持的 4 种最基本的扫描方式。

（1）Ping 扫描（-sP 参数）。

（2）TCP connect 扫描（-sT 参数）。

（3）TCP SYN 扫描（-sS 参数）。

（4）UDP 扫描（-sU 参数）。

四、综合扫描器演示实验

前面介绍了端口扫描器，下面介绍综合扫描器。综合扫描器不限于端口扫描，既可以是对漏洞、某种服务、某个协议等的扫描，也可以是针对系统密码的扫描。下面分别以 X-Scan 和 Nessus 为例，介绍综合扫描器的功能和用法。

（一）X-Scan

X-Scan 是国内比较出名的扫描工具，完全免费，无需注册，无需安装（解压缩即可运行），无需额外驱动程序支持，可以运行在 Windows 9x/NT4/2000/XP/Server 2003 等系统上。X-Scan 采用多线程方式对指定 IP 地址段（或单机）进行安全漏洞检测，支持插件功能，提供了图形界面和命令行两种操作方式。扫描内容包括远程服务类型、操作系统类型及版本、各种弱口令漏洞、后门、应用服务漏洞、网络设备漏洞、拒绝服务漏洞等 20 多个大类。

总之，X-Scan 是一款典型的扫描器，更确切地说，其是一款漏洞检查器，扫描时没有时间限制和 IP 限制等。国内类似的比较著名的同类软件还有流光、X-way 等。

（二）Nessus

在企业中广泛应用的 Nessus 也是一款典型的综合扫描器，其被认为是目前全世界最多人使用的系统漏洞扫描与分析软件：总共有超过 75 000 个机构使用 Nessus 作为扫描该机构电脑系统的软件。

Nessus 软件采用客户机/服务器体系架构（即 C/S 架构），4. 2 版本以后改为浏览器/服务器架构（即 B/S 架构），客户端提供图形界面，接受用户的命令与服务器通信，传送用户的扫描请求给服务器端，由服务器启动扫描并将扫描结果呈现给客户端。服务器端可以运行在 Windows 或 Linux 系统下，是真正的扫描真正发起者。

Nessus 具有强大的插件功能，可以针对每个漏洞开发一个对应的插件（漏洞插件是用 NASL 语言编写的一小段模拟攻击漏洞的代码）。这种利用漏洞插件的扫描技术极大方便了漏洞数据的维护和更新。Nessus 具有扫描任意端口、任意服务的能力，输出报告格式多样，内容详细（包括目标的脆弱点、修补漏洞以防止黑客入侵的方法及危险级别等），非常适合作为网络安全评估工具。

第三节　口令破解

一、口令破解概述

在X-Scan中已经看到“口令破解”这个环节，下面介绍口令破解的方法。为了安全，现在几乎所有的系统都通过访问控制来保护自己的数据。访问控制最常用的方法就是口令保护（密码保护）。口令应该说是用户最重要的一道防护门，如果口令被破解了，那么用户的信息将很容易被窃取。因此，口令破解也是黑客侵入一个系统比较常用的方法。或者当公司的某个系统管理员离开企业，而任何人都不知道该管理员账户的口令时，企业可能会雇佣渗透测试人员来破解管理员的口令。

一般入侵者常常通过下面几种方法获取用户的密码口令，包括暴力破解、Sniffer密码嗅探、社会工程学（即通过欺诈手段获取），以及木马程序或键盘记录程序等手段。下面主要讲解暴力破解。

系统用户账户密码口令的暴力破解主要是基于密码匹配的破解方法，最基本的方法有两个：穷举法和字典法。穷举法是效率最低的办法，将字符或数字按照穷举的规则生成口令字符串，进行遍历尝试在口令稍微复杂的情况下，穷举法的破解速度很低。字典法相对来说速度较高，它用口令字典中事先定义的常用字符去尝试匹配口令。口令字典是一个很大的文本文件，可以通过自己编辑或者由字典工具生成，里面包含了单词或者数字的组合。如果密码是一个单词或者是简单的数字组合，那么破解者就可以很轻易地破解密码。

常用的密码破解工具和审核工具很多，如Windows平台口令的SMBCrack、L0phtCrack、SAMInside等。通过这些工具的使用，可以了解口令的安全性。随着网络黑客攻击技术的增强和提高，许多口令都可能被攻击和破译。这就要求用户提高对口令安全的认识。

二、口令破解演示实验

SMBCrack 是基于 Windows 操作系统的口令破解工具，与以往的 SMB（共享）暴力破解工具不同，没有采用系统的 API，而是使用了 SMB 的协议。

首先我们了解一下什么是 SMB 协议。SMB（Server Message Block，服务器信息块）用于实现文件、打印机、串口等共享。在 Windows NT 中，SMB 基于 NBT。NBT（NetBIOS over TCP/IP）实现，后者使用 137 端口（UDP）、138 端口（UDP）和 139 端口（TCP）来实现基于 TCP/IP 的 NETBIOS 网际互联。要注意的是，139 端口是一种 TCP 端口，作用是：通过网上邻居访问局域网中的共享文件或共享打印机。

而在 Windows 2000 Server 及后续版本中，SMB 除了基于 NBT 的实现外，还有直接通过 445 端口实现。445 端口也是一种 TCP 端口，其在 Windows 2000 Server 及后续版本的系统中发挥的作用与 139 端口是完全相同的。具体地说，它也是提供局域网中文件或打印机共享服务。不过，该端口是基于 CIFS 协议（通用因特网文件系统协议）工作的。如果 Windows 2000 Server 及后续版本的服务器允许 NBT，那么 UDP 端口 137、138 和 TCP 端口 139、445 将开放。如果 NBT 被禁止，那么只有 445 端口开放。

当 Windows 2000 Server 及后续版本的系统（允许 NBT）作为 client 来连接 SMB 服务器时，它会同时尝试连接 139 端口和 445 端口，如果 445 端口有响应，就发送 RST 包给 139 端口断开连接，以 455 端口通信来继续。当 445 端口无响应时，才使用 139 端口。当 Windows 2000 Server 及后续版本的系统（禁止 NBT）作为 client 来连接 SMB 服务器时，那么它只会尝试连接 445 端口，如果无响应，那么连接失败。

因为 Windows 可以在同一个会话内进行多次密码试探，所以用 SMBCrack 可以破解操作系统的口令。

第四节　网络监听

一、网络监听概述

当人们舒适地坐在办公室里，惬意地享受网络带来的便利，收取 E-mail 或者购买喜欢的物品时，信件和信用卡账号变成了一个又一个的信息包，在网络上不停地传送着。人们是否想过这些信息包会通过网络流入其他人的机器呢？这是实实在在的危险，因为网络监听工具能够实现这样的功能。

网络监听是黑客在局域网中常用的一种技术，在网络中监听其他人的数据包，分析数据包，从而获得一些敏感信息，如账号和密码等。网络监听原本是网络管理员经常使用的一个工具，主要用来监视网络的流量、状态、数据等信息，例如，Sniffer Pro 就是许多系统管理员的必备工具。另外，分析数据包对于防黑客技术（如扫描过程、攻击过程有深入了解）也非常重要，从而对防火墙制定相应规则来防范。所以网络监听工具和网络扫描工具一样，也是一把双刃剑，要正确地对待。

网络监听工具称为 Sniffer（嗅探器），其可以是软件，也可以是硬件。硬件的 Sniffer 也称为网络分析仪。不管是硬件还是软件，Sniffer 的目标只有一个，就是获取在网络上传输的各种信息。

为了深入了解 Sniffer 的工作原理，先简单地介绍一下网卡与 HUB 的原理。因为因特网是现在应用最广泛的计算机联网方式，所以下面都用因特网来讲解。

（一）网卡工作原理

网卡工作在数据链路层，在数据链路层上，数据是以帧（Frame）为单位传输的。帧由几部分组成，不同的部分执行不同的功能，其中，帧头包括数据的目的 MAC 地址和源 MAC 地址。

帧通过特定的称为网卡驱动程序的软件进行成型，然后通过网卡发送到网线上，再通过网线到达目的机器，之后在目标机器的一端执行相反的过程。

目标机器的网卡收到传输来的数据，认为应该接收，就在接收后产生中断信号通知CPU，认为不该接收就丢弃，所以不该接收的数据被网卡截断，计算机根本不知道。CPU得到中断信号产生中断，操作系统根据网卡驱动程序中设置的网卡中断程序地址调用驱动程序接收数据。

网卡收到传输来的数据时，先接收数据头的目的MAC地址。通常情况下，像收信一样，只有收信人才去打开信件，同样网卡只接收和自己地址有关的信息包，即只有目的MAC地址与本地MAC地址相同的数据包或者是广播包（多播等），网卡才接收；否则，这些数据包就直接被网卡抛弃。

网卡还可以工作在另一种模式中，即“混杂”（Promiscuous）模式。此时网卡进行包过滤，不同于普通模式，混杂模式不关心数据包头内容，让所有经过的数据包都传递给操作系统处理，可以捕获网络上所有经过的数据帧。如果一台机器的网卡被配置成这样的方式，那么这个网卡（包括软件）就是一个嗅探器。

（二）网络监听原理

Sniffer工作的基本原理就是让网卡接收一切所能接收的数据。Sniffer工作的过程基本上可以分为3步：把网卡置于混杂模式；捕获数据包；分析数据包。

下面根据不同的网络状况，介绍Sniffer的工作情况。

1. 共享式HUB连接的网络

如果办公室里的计算机A、B、C、D通过共享HUB连接，计算机A上的用户给计算机C上的用户发送文件，根据因特网的工作原理，数据传输是广播方式的，当计算机A发给计算机C的数据进入HUB后，HUB会将其接收到的数据再发给其他每一个端口，所以在共享HUB下，同一网段的计算机B、C、D的网卡都能接收到数据，并检查在数据帧中的地址是否和自己的地址相匹配，计算机B和计算机D发现目的地址不是自己的，就把数据帧丢弃，计算机C接收到数据帧，并在比较之后发现是自己的，就将数据帧交给操作系统进行分析处理。同样的工作情况，如果把计算机B的网卡置于混杂模式（即在计算机B上安装了

Sniffer软件），那么计算机B的网卡也会对数据帧产生反应，把数据交给操作系统进行分析处理，实现监听功能。

2. 交换机连接的网络

交换机的工作原理与HUB不同。普通的交换机工作在数据链路层，交换机的内部有一个端口和MAC地址对应，当有数据进入交换机时，交换机先查看数据帧中的目的地址，然后按照地址表转发到相应的端口，其他端口收不到数据。只有目的地址是广播地址的，才转发给所有的端口。如果现在在计算机B上安装了Sniffer软件，计算机B也只能收到发给自己的广播数据包，无法监听其他人的数据。因此，在交换环境下，比HUB连接的网络安全得多。

现在许多交换机都支持镜像的功能，能够把进入交换机的所有数据都映射到监控端口，同样可以监听所有的数据包，从而进行数据分析。镜像的目的主要是为了网络管理员掌握网络的运行情况，采用的方法就是监控数据包。

要实现这个功能，必须能对交换机进行设置才可以。因此，在交换机环境下，对于黑客来说很难实现监听，但是还有其他方法，如ARP欺骗、破坏交换机的工作模式、使其也广播式处理数据等。

二、Sniffer演示实验

（一）Sniffer工具简介

硬件的Sniffer一般都比较昂贵，功能非常强大，可以捕获网络上所有的传输，并且可以重新构造各种数据包。软件的Sniffer有Sniffer Pro、Wireshark、Net monitor等，其优点是物美价廉，易于学习使用；缺点是无法捕获网络上所有的传输（如碎片、fragment、short event），某些情况下，无法真正了解网络的故障和运行情况。下面简要地介绍几种Sniffer工具。

1. Sniffer Pro

Sniffer Pro是美国网络联盟公司出品的网络协议分析软件，支持各种平台，性能优越。Sniffer Pro 可以监视所有类型的网络硬件和拓扑结构，具备出色的监测和分辨能力，智能地扫描从网络上捕获的信息以检测网络异常现象，应用用户定义的试探式程序自动对每种异常现象进行归类，并给出一份警告、解释问题的性质和提出建议的解决方案。

2. Wireshark

Wireshark（2006 年夏天之前叫作 Ethereal）是一款开源的网络协议分析器，可以运行在 UNIX 和 Windows 上。Wireshark 可以实时检测网络通信数据，也可以检测其捕获的网络通信数据快照文件；既可以通过图形界面浏览这些数据，也可以查看网络通信数据包中每一层的详细内容。Wireshark 拥有许多强大的特性，包含强显示过滤器语言（Rich Display Filter Language）和查看 TCP 会话重构流的能力，支持上百种协议和媒体类型，是网络管理员常用的工具。

3. Netmonitor

Netmonitor 是 Microsoft 自带的网络监视器，可捕获过滤器和触发器、实时监视统计和显示过滤器，包括依据协议属性而进行的过滤。与 Sniffer Pro、Wireshark 界面相似，但 Net monitor 的功能远远比不上前两者。

4. EffTech HTTP Sniffer

EffTech HTTP Sniffer 是一款针对 HTTP 进行嗅探的 Sniffer 工具，专门来分析局域网上 HTTP 数据传输封包，可以实时分析出局域网上所传送的 HTTP 资料封包。这个软件的使用相当简单，只要单击【开始】按钮，就开始记录 HTTP 的请求和回应信息。单击每个嗅探到的信息，就可以查看详细的提交和回应信息。

5. Iris The Network Traffic Analyzer

Iris The Network Traffic Analyzer 是网络流量分析监测工具，可以帮助系统管理员轻易地捕获和查看用户的使用情况，同时检测到进入和发出的信息流，会自动地进行存储和统计，便于查看和管理。

（二）Wireshark 的使用

首先安装 Wireshark（下载地址为 http：//www. wireshark. org/download. html），

按照向导安装，完成后桌面上会出现图标。启动 Wireshark 以后，选择【Capture】→【Start】菜单命令，出现 Wireshark 选择网卡。

选择【Capture】→【Start】菜单命令，就会出现所捕获的数据包的统计。想停止时，单击捕捉信息对话框上的【stop】按钮停止。

捕获到的数据包显示。第一部分是数据包统计窗，可以按照各种不同的参数排序，如按照 Source IP 或者 Time 等；如果想看某个数据包的消息信息，单击该数据包，在协议分析窗中显示详细信息，主要是各层数据头的信息；最下面是该数据包的具体数据。

分析数据包有 3 个步骤：选择数据包、分析协议、分析数据包内容。

1. 选择数据包

每次捕获的数据包的数量很多。根据时间、地址、协议、具体信息等，对需要的数据进行简单的手动筛选，选出所要分析的那一个。例如，大家经常被其他人使用 Ping 来进行探测，那么，当想查明谁在进行 Ping 操作时，面对嗅探到的结果，应该选择的是 ICMP。

2. 分析协议

在协议分析窗中直接获得的信息是帧头、IP 头、TCP 头和应用层协议中的内容，如 MAC 地址、IP 地址和端口号、TCP 的标志位等。另外，Wireshark 还会给出部分协议的一些摘要信息，可以在大量的数据中选取需要的部分。

3. 分析数据包内容

这里所说的数据包是指捕获的每一个“帧”。

数据包的结构与平常的信件类似，先将信封装好，然后填写信封的内容：收信人地址、发信人地址等。目标 IP 地址说明这数据包是要发给谁的，相当于收信人地址；源 IP 地址说明这个数据包是发自哪里的，相当于发信人地址；而净载数据相当于信件的内容，例如，想嗅探 FTP 中的信息，就要查看净载数据中的内容。

4. 数据包的过滤

主要包括以下几个方面。

（1）捕获过滤器

一次完整的嗅探过程并不是只分析一个数据包，可能是要在几百或上万个数据包中找出有用的几个或几十个来分析。如果捕获的数据包过多，增加筛选的难度，也会浪费内存。所以我们可以在启动捕获数据包前，设置过滤条件，减少捕获数据包的数量。

（2）显示过滤器

通常经过捕捉过滤器过滤后的数据还是很复杂。可以使用显示过滤器进行更加细致的查找。它的功能比捕捉过滤器更为强大，而且在修改过滤器条件时，并不需要重新捕捉一次。

由于 HTTP 是明文传送的，所以用户的信息很容易被泄露，除了 Web 邮箱外，在 WWW 上还有其他许多敏感的信息，如网上银行、社区、论坛等，都存在这样的威胁。所以现在网上银行、大部分 Web 邮箱采用 HTTPS，进行安全防护。另外，用户自己也要提高网络安全意识，不要轻易在 WWW 上传输敏感的信息。

三、网络监听的检测和防范

网络监听的一个前提条件是将网卡设置为混杂模式，因此，通过检测网络中主机的网卡是否运行在混杂模式下，就可以发现正在进行网络监听的嗅探器。著名黑客团队 L0pht 开发的 AntiSniff 就是一款能在网络中探测与识别嗅探器的工具软件。

为了防范网络监听行为，应该尽量避免使用明文传输口令等敏感信息，而是使用网络加密机制，例如用 SSH 代替 telnet 协议。这样就算攻击者嗅探到数据，也无法获知数据的真实信息。

另外，由于在交换式网络中，攻击者除非借助 ARP 欺骗等方法，否则无法直接嗅探到别人的通信数据。因此，采用安全的网络拓扑，尽量将共享式网络升级为交换式网络，并通过划分 VLAN 等技术手段将网络进行合理的分段，也是有效防范网络监听的措施。

第五节　拒绝服务攻击

一、拒绝服务攻击概述

（一）拒绝服务攻击的定义

拒绝服务（Denial of Service，DoS）攻击从广义上讲可以指任何导致网络设备（服务器、防火墙、交换机、路由器等）不能正常提供服务的攻击，现在一般指的是针对服务器的 DoS 攻击。这种攻击可能是网线被拔下或者网络的交通堵塞等，最终的结果是正常用户不能使用所需要的服务。

从网络攻击的各种方法和所产生的破坏情况来看，DoS 是一种很简单但又很有效的进攻方式。尤其是对于 ISP、电信部门，还有 DNS 服务器、Web 服务器、防火墙等来说，DoS 攻击的影响都是非常大的。

（二）DoS 攻击的目的

DoS 攻击的目的是拒绝服务访问，破坏组织的正常运行，最终会使部分因特网连接和网络系统失效。有些人认为 DoS 攻击是没用的，因为 DoS 攻击不会直接导致系统渗透。但是，黑客使用 DoS 攻击有以下目的。

（1）使服务器崩溃并让其他人也无法访问。

（2）黑客为了冒充某个服务器，就对其进行 DoS 攻击，使之瘫痪。

（3）黑客为了启动安装的木马，要求系统重新启动，DoS 攻击可以用于强制服务器重新启动。

（三）DoS 攻击的对象与工具

DoS 攻击的对象可以是节点设备、终端设备，还可以针对线路。对不同的对象所用的手段不同，例如，针对服务器类的终端设备可以攻击操作系统，也可以攻击应用程序。对于手机类的产品，可以利用 APP（Application，手机软件）攻击。针对节点设备，路由器、交换机等，可以攻击系统的协议。针对线路，可以利用蠕虫病毒。

DoS 攻击的对象，根据业务类型还可以分为：网络服务提供商（Internet Service Provider，ISP）和应用服务提供商（Application Service Provider，ASP），针对不同的提供商采取的手段也不同。

随着网络技术的发展，能够连接网络的设备越来越多，DoS 攻击的对象可以是：服务器、PC、Pad、手机、智能电视、路由器、打印机、摄像头，反过来这些也都能被 DDoS 攻击所利用，成为攻击的工具。

（四）DoS 攻击的事件

近年来，DoS 攻击事件层出不穷，影响面广，据美国最新的安全损失调查报告，全球 DDoS（Distributed Denial of Service，分布式拒绝服务）攻击所造成的经济损失已经跃居第一。

2002 年 10 月 21 日，美国和韩国的黑客对全世界 13 台 DNS 服务器同时进行 DDoS 攻击。受到攻击的 13 台主服务器同时遇到使用 ICMP（Internet Control Message Protocol，Internet 控制报文协议）出现信息严重“堵塞”的现象，该类信息的流量短时间内激增到平时的 10 倍。这次攻击虽然是以全部 13 台机器为对象的，但受影响最大的是其中的 9 台。DNS 服务器在因特网上是不可缺少的，如果这些机器全部陷入瘫痪，那么整个因特网都将瘫痪。

2009 年 5 月 19 日，由于暴风影音软件而导致的全国多个省份大范围网络故障的“暴风门”事件，也是一次典型的 DDoS 事件。事件的起因是北京暴风科技公司拥有的域名 baofeng. com 的 DNS 被人恶意大流量 DDoS 攻击，承担 dnspod. com 网络接入的电信运营商断掉了其网络服务。由于暴风影音的安装量巨大和软件网络服务的特性（部分在线服务功能必须基于 baofeng. com 域名的正常解析），海量暴风用户向本地域名服务器（运营商的 DNS 服务器）频繁地发起 DNS

解析请求，这些大量的解析请求，客观上构成了对电信 DNS 服务器的 DDoS 攻击，导致各地电信 DNS 服务器超负荷瘫痪而无法提供正常服务，从而使更大范围的用户无法上网。

2014 年 6 月 20 日起，香港公投网站 PopVote 陆续遭遇超大规模的 DDoS 攻击，攻击流量为史上第二高，连 Amazon 或 Google 都挡不住，最后靠着多家网络业者联手，才撑过了这段投票时间。2015 年某网络游戏进行上线公测，公测前 10 分钟，主力机房遭遇 DDoS 攻击，带宽瞬间被占满，上游路由节点被打瘫，游戏发行商被迫宣布停止公测。

二、拒绝服务攻击原理

DoS 攻击就是想办法让目标机器停止提供服务或资源访问，这些资源包括磁盘空间、内存、进程甚至网络带宽，从而阻止正常用户的访问。

DoS 的攻击方式有很多种，根据其攻击的手法和目的不同，有两种不同的存在形式。

一种是以消耗目标主机的可用资源为目的，使目标服务器忙于应付大量非法的、无用的连接请求，占用了服务器所有的资源，造成服务器对正常的请求无法再做出及时响应，从而形成事实上的服务中断。这是最常见的拒绝服务攻击形式之一。这种攻击主要利用的是网络协议或者是系统的一些特点和漏洞进行攻击，主要的攻击方法有死亡之 Ping、SYN Flood、UDP Flood、ICMP Flood、Land、Teardrop 等。针对这些漏洞的攻击，目前在网络中都有大量的工具可以利用。

另一种拒绝服务攻击以消耗服务器链路的有效带宽为目的，攻击者通过发送大量的有用或无用数据包，将整条链路的带宽全部占用，从而使合法用户请求无法通过链路到达服务器。例如，蠕虫对网络的影响。具体的攻击方式很多，如发送垃圾邮件，向匿名 FTP 塞垃圾文件，把服务器的硬盘塞满；合理利用策略锁定账户，一般服务器都有关于账户锁定的安全策略，某个账户连续 3 次登录失败，那么这个账号将被锁定。破坏者伪装一个账号，去错误地登录，使这个账号被锁定，正常的合法用户则不能使用这个账号登录系统了。

第三章　计算机病毒

防病毒技术是网络安全维护日常中最基本的工作，也是工作量最大、最经常性的任务，所以掌握计算机病毒的相关知识是非常重要的。本章从大家都有实际体会的校园网中的病毒入手，介绍计算机病毒的概念和发展历程，以及计算机病毒的分类、特征与传播途径。在此基础上讲述计算机防病毒技术的原理、杀毒软件的配置和应用。

第一节　计算机病毒概述

一、计算机病毒的基本概念

（一）计算机病毒的简介

因特网迅猛发展，网络应用日益广泛与深入。除了操作系统和 Web 程序的大量漏洞之外，现在几乎所有的软件都成为病毒的攻击目标。同时，病毒的数量和破坏力越来越大，而且病毒的“工业化”入侵及“流程化”攻击等特点越发明显。现在黑客和病毒制造者为获取经济利益，分工明确，通过集团化、产业化运作，批量制造计算机病毒，寻找上网计算机的各种漏洞，并设计入侵、攻击流程，盗取用户信息。

计算机病毒增加的速度是惊人的。腾讯公司 2015 年的互联网安全报告中统计出新增病毒样本接近 1.5 亿个。国内共有 4.75 亿人次网民被病毒感染，有 1332 万台电脑遭到病毒攻击，人均病毒感染次数为 35.65 次，其中木马病毒样本数量最多，流氓软件感染最为频繁。

随着计算机病毒的增加，计算机病毒的防护也越来越重要。为了做好计算机病毒的防护，首先需要知道什么是计算机病毒。

（二）计算机病毒的定义

一般来说，凡是能够引起计算机故障、破坏计算机数据的程序或指令集合统称为计算机病毒（Computer Virus）。依据此定义，逻辑炸弹、蠕虫等均可称为计算机病毒。

1994 年 2 月 18 日，我国正式颁布实施《中华人民共和国计算机信息系统安全保护条例》。在《条例》第二十八条中明确指出："计算机病毒，是指编制或者在计算机程序中插入的破坏计算机功能或者毁坏数据，影响计算机使用，并能自我复制的一组计算机指令或者程序代码。"

在这个定义中明确地指出了计算机病毒的程序、指令的特征及对计算机的破坏性。随着移动通信的迅猛发展，手机和 iPad 等手持移动设备已经成为人们生活中必不可少的一部分，现在已经有了针对手持移动设备攻击的病毒。

随着这些手持终端处理能力的增强，其病毒的破坏性也与日俱增。随着未来网络家电的使用和普及，病毒也会蔓延到此领域。这些病毒也是由计算机程序编写而成的，也属于计算机病毒的范畴，所以计算机病毒的定义不单指对计算机的破坏。

二、计算机病毒的产生

（一）理论基础

计算机病毒并非是最近才出现的新产物。早在 1949 年，计算机的先驱者约翰·冯·诺依曼（John Von Neumann）在他所提出的一篇论文《复杂自动装置的理论及组织的行为》中就提出一种会自我繁殖的程序（现在称为病毒）。

（二）磁芯大战

在约翰·冯·诺依曼发表《复杂自动装置的理论及组织的行为》一文的 10

年之后，在美国电话电报公司（AT&T）的贝尔（Bell）实验室中，这些概念在一种很奇怪的电子游戏中成形了。这种电子游戏叫作磁芯大战（CoreWar）。磁芯大战是当时贝尔实验室中3个年轻工程师完成的。

Core War的进行过程如下：双方各编写一套程序，输入同一台计算机中；这两套程序在计算机内存中运行，相互追杀；有时会放下一些关卡，有时会停下来修复被对方破坏的指令；被困时，可以自己复制自己，逃离险境。因为这些程序都在计算机的内存（以前是用磁芯做内存的）游走，因此称为Core War。这就是计算机病毒的雏形。

（三）计算机病毒的出现

1983年，杰出计算机奖得奖人科恩·汤普逊（Ken Thompson）在颁奖典礼上做了一个演讲，不但公开地证实了计算机病毒的存在，而且告诉听众怎样去写病毒程序。1983年11月3日，弗雷德·科恩（Fred Cohen）在南加州大学攻读博士学位期间，研制出一种在运行过程中可以复制自身的破坏性程序，制造了第一个病毒，虽然之前有人曾经编写过一些具有潜在破坏力的恶性程序，但是他是第一个在公众面前展示有效样本的人。在他的论文中，将病毒定义为“一个可以通过修改其他程序来复制自己并感染它们的程序”。伦·艾德勒曼（Len Adleman）将其命名为计算机病毒，并在每周一次的计算机安全讨论会上正式提出，之后专家们在VAX11/750计算机系统上运行，第一个病毒实验成功，一周后又获准进行5个实验的演示，从而在实验上验证了计算机病毒的存在。

1986年初，第一个真正的计算机病毒问世，即在巴基斯坦出现的“Brain”病毒。该病毒在1年内流传到了世界各地，并且出现了多个对原始程序的修改版本，引发了如“Lehigh”“迈阿密”等病毒的涌现。所有这些病毒都针对PC用户，并以软盘为载体，随寄主程序的传递感染其他计算机。

（四）我国计算机病毒的出现

我国的计算机病毒最早发现于1989年，是来自西南铝加工厂的病毒报告——小球病毒报告。此后，国内各地陆续报告发现该病毒。在不到 3 年的时间，我国又出现了“黑色星期五”“雨点”“磁盘杀手”“音乐”“扬基都督”等数百种不同传染和发作类型的病毒。1989 年 7 月，公安部计算机管理监察局监察处病毒研究小组针对国内出现的病毒，迅速编写了反病毒软件 KILL 6.0，这是国内第一个反病毒软件。

三、计算机病毒的发展历程

在病毒的发展史上，病毒的出现是有规律的。一般情况下，一种新的病毒技术出现后，迅速发展，接着反病毒技术的发展会抑制其流传。操作系统进行升级时，病毒也会调整为新的方式，产生新的病毒技术。计算机病毒的发展过程可划分为以下几个阶段。

（一）DOS 引导阶段

1987 年，计算机病毒主要是引导型病毒。当时的计算机硬件较少，功能简单，一般需要通过软盘启动后使用。引导型病毒利用软盘的启动原理工作，修改系统启动扇区，在计算机启动时首先取得控制权，减少系统内存，修改磁盘读写中断，影响系统工作效率，在系统存取磁盘时进行传播。典型代表是“小球”和“石头”病毒。

（二）DOS 可执行阶段

1989 年，可执行文件型病毒出现。利用 DOS 系统加载执行文件的机制工作，病毒代码在系统执行文件时取得控制权，修改 DOS 中断，在系统调用时进行传染，并将自己附加在可执行文件中，使文件长度增加。1990 年，发展为复合型病毒，可感染 COM 和 EXE 文件。典型代表是“耶路撒冷”病毒。

（三）伴随阶段

1992 年，伴随型病毒出现。利用 DOS 加载文件的优先顺序进行工作。感染

EXE 文件时生成一个和 EXE 同名的扩展名为“. com”的伴随体；感染 COM 文件时，将原来的 COM 文件改为同名的 EXE 文件，再产生一个原名的伴随体，文件扩展名为“. com”。这样，在 DOS 加载文件时，病毒就取得控制权。这类病毒的特点是不改变原来的文件内容、日期及属性，解除病毒时只要将其伴随体删除即可，典型代表是海盗旗病毒。

（四）多形阶段

1994 年，随着汇编语言的发展，实现同一功能可以用不同的方式完成。这些方式的组合使得一段看似随机的代码产生相同的运算结果。多形病毒是一种综合性病毒，既能感染引导区又能感染程序区，多数具有解码算法，一种病毒往往要两段以上的子程序才能解除。典型代表是“幽灵”病毒，每感染一次就产生不同的代码。

（五）生成器、变体机阶段

1995 年，在汇编语言中，一些数据的运算放在不同的通用寄存器中，可以运算出同样的结果。随机插入一些空操作和无关指令，也不影响运算的结果。这样，一段解码算法就可以由生成器生成。当生成的是病毒时，病毒生成器和变体机就产生了。典型代表是病毒制造机（Virus Creation Laboratory，VCL），可以在瞬间制造出成千上万种不同的病毒。

（六）网络、蠕虫病毒阶段

1995 年，随着网络的普及，病毒开始利用网络进行传播，是上几代病毒的改进。在 Windows 操作系统中，蠕虫病毒是典型的代表，不占用除内存以外的任何资源，不修改磁盘文件，利用网络功能搜索网络地址，将自身向下一个地址进行传播，有时也在网络服务器和启动文件中存在。网络带宽的增加为蠕虫病毒的传播提供了条件。目前，网络中蠕虫病毒占非常大的比重，而且有越来越盛的趋势，典型代表是“尼姆达”和“冲击波”病毒。

（七）视窗阶段

1996年，随着Windows 95的日益普及，利用Windows进行工作的病毒开始发展，修改NE、PE文件。这类病毒的机制更为复杂，利用保护模式和API（Application Programming Interface，应用程序编程接口）调用接口工作，解除方法也比较复杂。典型代表是DS. 3873。

（八）宏病毒阶段

1996年，随着Windows Word功能的增强，使用Word宏语言也可以编制病毒。这种病毒使用类Basic语言，编写容易，感染Word文档文件。在Excel和AmiPro出现的相同工作机制的病毒也归为此类。由于当时Word文档格式没有公开，这类病毒查杀比较困难，典型代表是“台湾一号”宏病毒。

（九）邮件病毒阶段

1999年，随着E-mail的使用越来越多，一些病毒通过电子邮件来传播，如果不小心打开了这些邮件，机器就会中毒，还有一些利用邮件服务器进行传播和破坏的病毒，典型代表是Mellisa、happy99病毒。

（十）手持移动设备病毒阶段

2000年，随着手持终端处理能力的增强，病毒也随之攻击手机和iPad等手持移动设备。2000年6月，世界上第一个手机病毒“VBS. Timofonica”在西班牙出现。这个病毒通过运营商Telefonica的移动系统向该系统内的任意用户发送骂人的短消息。2015年上半年手机病毒出现爆发式增长，病毒软件新增数量达到127万个。

第二节　计算机病毒的特征

计算机病毒是人为编制的一组程序或指令集合。这段程序代码一旦进入计算机并得以执行，就会对计算机的某些资源进行破坏，再搜寻其他符合其传染条件的程序或存储介质，达到自我繁殖的目的。计算机病毒具有以下一些特征。

一、传染性

传染性是计算机病毒最重要的特性。计算机病毒的传染性是指病毒具有把自身复制到其他程序中的特性，会通过各种渠道从已被感染的计算机扩散到未被感染的计算机。只要一台计算机感染病毒，与其他计算机通过存储介质或者网络进行数据交换时，病毒就会继续进行传播。传染性是判断一段程序代码是否为计算机病毒的根本依据。

二、破坏性

任何计算机病毒只要侵入系统，就会对系统及应用程序产生程度不同的影响。轻者会降低计算机工作效率，占用系统资源（如占用内存空间、占用磁盘存储空间等），有的只显示一些画面或音乐、无聊的语句，或者根本没有任何破坏性动作。例如，“欢乐时光”病毒的特征是超级解霸不断地运行，系统资源占用率非常高。“圣诞节”病毒藏在电子邮件的附件中，计算机一旦感染上，就会自动重复转发，造成更大范围的传播，桌面会弹出一个对话框。

有的计算机病毒可导致系统不能正常使用，破坏数据，泄露个人信息，导致系统崩溃等。有的对数据造成不可挽回的破坏，如“米开朗琪罗”病毒。当该病毒发作时，硬盘的前 17 个扇区将被彻底破坏，使整个硬盘上的数据无法恢复，造成的损失是无法挽回的。又如“CIH”病毒，不仅破坏硬盘的引导区和分区表，还破坏计算机系统 flash BIOS 芯片中的系统程序。

程序的破坏性体现了病毒设计者的真正意图。这种破坏性所带来的经济损失是非常巨大的。

计算机病毒的发展中引起信息泄露事件逐渐增多，涉及面也越来越广。2014年最具影响力的十大数据泄密事件中，支付宝、苹果、携程、微软、索尼和小米等公司都赫然在列。这些事件造成经济损失很难估算，对信息安全的威胁是巨大的。

三、潜伏性及可触发性

大部分病毒感染系统之后不会马上发作，而是悄悄地隐藏起来，然后在用户没有察觉的情况下进行传染。病毒的潜伏性越好，在系统中存在的时间也就越长，病毒传染的范围越广，其危害性也越大。

计算机病毒的可触发性是指，满足其触发条件或者激活病毒的传染机制，使之进行传染，或者激活病毒的表现部分或破坏部分。

计算机病毒的可触发性与潜伏性是联系在一起的，潜伏下来的病毒只有具有了可触发性，其破坏性才成立，也才能真正称为“病毒”。如果设想一个病毒永远不会运行，就像死火山一样，对网络安全就构不成威胁。触发的实质是一种条件的控制，病毒程序可以依据设计者的要求，在一定条件下实施攻击。例如，有以下一些触发条件。

（1）敲入特定字符。例如，“ATDS”病毒，一旦敲入A、T、D、S就会触发该病毒。

（2）使用特定文件。

（3）某个特定日期或特定时刻。例如，“PETER-2”在每年2月27日会提3个问题，答错后会将硬盘加密；著名的“黑色星期五”在逢13号的星期五发作；还有26日发作的“CIH”。

（4）病毒内置的计数器达到一定次数。例如，“2708”病毒，当系统启动次数达到32次后即破坏串、并口地址。

四、非授权性

一般正常的程序由用户调用，再由系统分配资源，完成用户交给的任务，其目的对用户是可见的、透明的。而病毒具有正常程序的一切特性，隐藏在正常程序中，当用户调用正常程序时窃取到系统的控制权，先于正常程序执行，病毒的动作、目的对用户是未知的，是未经用户允许的，即具有未授权性。

五、隐蔽性

计算机病毒具有隐蔽性，以便不被用户发现及躲避反病毒软件的检验。因此，系统感染病毒后，一般情况下，用户感觉不到病毒的存在，只有在其发作，系统出现不正常反应时用户才知道。

为了更好地隐藏，病毒的代码设计得非常短小，一般只有几百字节或 1KB。以现在计算机的运行速度，病毒转瞬之间便可将短短的几百字节附着到正常程序之中，使人很难察觉。隐蔽的方法很多，举例如下。

（1）隐藏在引导区，如“小球”病毒。

（2）附加在某些正常文件后面。

（3）隐藏在某些文件空闲字节里。例如，“CIH”病毒使用大量的诡计来隐藏自己，把自己分裂成几个部分，隐藏在某些文件的空闲字节里，而不会改变文件长度。

（4）隐藏在邮件附件或者网页里。

六、不可预见性

从对病毒的检测来看，病毒还有不可预见性。不同种类的病毒，其代码千差万别，但有些操作是共有的（如驻内存、改中断）。有些人利用病毒的这种共性，制作了声称可查所有病毒的程序。这种程序的确可以查出一些新病毒，但是由于目前的软件种类极其丰富，并且某些正常程序也使用了类似病毒的操作，甚至借鉴了某些病毒的技术，所以使用这种方法对病毒进行检测势必会造成较多的误报情况。病毒的制作技术也在不断提高，病毒对反病毒软件来说永远是超前的。

第三节　计算机病毒的分类

一、按照计算机病毒依附的操作系统分类

（一）基于 DOS 系统的病毒

基于 DOS 系统的病毒是一种只能在 DOS 环境下运行、传染的计算机病毒，是最早出现的计算机病毒。例如，“米开朗琪罗病毒”“黑色星期五病毒”等均属于此类病毒。

DOS 下的病毒一般又分为引导型病毒、文件型病毒、混合型病毒等（在后文详细介绍）。

（二）基于 Windows 系统的病毒

由于 Windows 的图形用户界面（Graphical User Interface，GUI）和多任务操作系统深受用户的欢迎，尤其是在 PC 中几乎都使用 Windows 操作系统，从而成为病毒攻击的主要对象。目前大部分病毒都是基于 Windows 操作系统的，就是安全性最高的 Windows Vista 也有漏洞，而且该漏洞已经被黑客利用，产生了能感染 Windows Vista 系统的“威金”病毒、盗号木马等病毒。

（三）基于 UNIX/Linux 系统的病毒

现在 UNIX/Linux 系统应用非常广泛，并且许多大型服务器均采用 UNIX/Linux 操作系统，或者基于 UNIX/Linux 开发的操作系统。例如，Solaris 是 Sun 公司开发和发布的操作系统，是 UNIX 系统的一个重要分支，而 2008 年 4 月 Turkey 新蠕虫专门攻击 Solaris 系统。

（四）基于嵌入式操作系统的病毒

嵌入式操作系统是一种用途广泛的系统软件，过去主要应用于工业控制和国

防系统领域。随着因特网技术的发展、信息家电的普及应用，及嵌入式操作系统的微型化和专业化，嵌入式操作系统的应用也越来越广泛，如应用到手机操作系统中。现在，Android、Apple ios 是主要的手机操作系统。目前发现了多种手机病毒，手机病毒也是一种计算机程序，和其他计算机病毒（程序）一样具有传染性、破坏性。手机病毒可利用发送短信、彩信，发送电子邮件，浏览网站，下载铃声等方式进行传播。手机病毒可能会导致用户手机死机、关机、资料被删、向外发送垃圾邮件、拨打电话等，甚至还会损毁 SIM 卡、芯片等硬件。

2015 年，Android 手机新增手机病毒样本 261 万个，每月人均接收垃圾短信 10 条。骚扰电话出现总量为 412 亿次。

2015 年是苹果走下安全神坛的一年，在移动安全领域先后曝出 Safari 跨域漏洞和 Airdrop 漏洞，此外，Xcode Ghost 也让更多用户对苹果系统的安全失去信心。

二、按照计算机病毒的传播媒介分类

网络的发展也导致了病毒制造技术和传播途径的不断发展和更新。近几年，病毒所造成的破坏非常巨大。一系列的事实证明，在所有的安全问题中，病毒已经成为信息安全的第一威胁。由于病毒具有自我复制和传播的特点，所以，研究病毒的传播途径对病毒的防范具有极为重要的意义。从计算机病毒的传播机理分析可知，只要是能够进行数据交换的介质，都可能成为计算机病毒的传播途径。

在 DOS 病毒时代，最常见的传播途径就是从光盘、软盘传入硬盘，感染系统，再传染其他软盘，又传染其他系统。现在，随着 USB 接口的普及，使用闪存盘、移动硬盘的用户越来越多，成为病毒传播的新途径。

目前绝大部分病毒是通过网络来传播的。在网络传播中主要有以下方面。

（一）通过浏览网页传播

例如，“欢乐时光”（RedLof）是一种脚本语言病毒，能够感染“.htt”“.htm”等多种类型文件，可以通过局域网共享、Web 浏览等途径传染。系统一旦感染这种病毒，就会在文件目录下生成“desktop. ini”“folder. htt”两个文件，系统速度会变慢。

（二）通过网络下载传播

随着迅雷、快车、BT、电驴等新兴下载方式的流行，黑客也开始将其作为重要的病毒传播手段，如冲击波等病毒，通过网络下载的软件携带病毒。

（三）通过即时通信（Instant Messenger，IM）软件传播

黑客可以编写“QQ 尾巴”类病毒，通过 IM 软件传送病毒文件、广告消息等。

（四）通过邮件传播

“爱虫”“Sobig”“求职信”等病毒都是通过电子邮件传播的。2000 年国际计算机安全协会（International Computer Security Association，ICSA）统计的电子邮件为计算机病毒最主要的传播媒介，感染率由 1998 年的 32%增长至 87%。随着病毒传播途径的增加及人们安全意识的提高，邮件传播所占的比重下降，但是仍然是主要的传播途径。例如，2007 年的“ANI 蠕虫”病毒仍然通过邮件进行传播。

（五）通过局域网传播

“欢乐时光”“尼姆达”“冲击波”等病毒通过局域网传播。2007 年的“熊猫烧香”病毒、2008 年的“磁碟机”病毒仍然是通过局域网进行传播。

现在的病毒都不是单一的某种传播途径，而是通过多种途径传播。例如，2008 年著名的“磁碟机”病毒的传播途径主要有：U 盘/移动硬盘/数码存储卡传播（移动存储介质）；各种木马下载器之间相互传播；通过恶意网站下载；通过感染文件传播；通过内网 ARP 攻击传播。因此，对病毒的防御越来越难。

三、按照计算机病毒的宿主分类

（一）引导型病毒

引导扇区是大部分系统启动或引导指令所保存的地方，而且对所有的磁盘来讲，不管是否可以引导，都有一个引导扇区。引导型病毒感染的主要方式是计算机通过已被感染的引导盘（常见的如一个软盘）引导时发生的。

引导型病毒隐藏在 ROMBIOS 之中，先于操作系统，依托的环境是 BIOS（Basic Input Output System，基本输入输出系统）中断服务程序。引导型病毒利用操作系统的引导模块放在某个固定的位置，并且控制权的转交方式是以物理地址为依据，而不是以操作系统引导区的内容为依据。因此，病毒占据该物理位置即可获得控制权，而将真正的引导区内容搬家转移或替换，待病毒程序被执行后，将控制权交给真正的引导区内容，使这个带病毒的系统看似正常运转，病毒却已隐藏在系统中伺机传染、发作。

引导型病毒按其所在的引导区不同又可分为两类，即 MBR（主引导区）病毒和 BR（引导区）病毒。MBR 病毒将病毒寄生在硬盘分区主引导程序所占据的硬盘 0 头 0 柱面第 1 个扇区中。典型的病毒有大麻（Stoned）、2708 等。BR 病毒是将病毒寄生在硬盘逻辑 0 扇区或软盘逻辑 0 扇区（即 0 面 0 道第 1 个扇区），典型的病毒有“Brain”“小球”等病毒。

引导型病毒几乎都会常驻在内存中，差别只在于内存中的位置。所谓“常驻”，是指应用程序把要执行的部分在内存中驻留一份，这样就不必在每次要执行时都到硬盘中搜寻，以提高效率。

引导区感染了病毒，用格式化程序（Format）可清除病毒。如果主引导区感染了病毒，用格式化程序是不能清除该病毒的，只可以用 FDISK/MBR 清除该病毒。

（二）文件型病毒

文件型病毒主要以可执行程序为宿主，一般感染文件扩展名为“.com”

“.exe”和“.bat”等可执行程序。文件型病毒通常隐藏在宿主程序中，执行宿主程序时，将会先执行病毒程序再执行宿主程序，看起来仿佛一切都很正常。然后，病毒驻留内存，伺机传染其他文件或直接传染其他文件。

文件型病毒的特点是附着于正常程序文件，成为程序文件的一个外壳或部件。文件型病毒的安装必须借助于病毒的载体程序，即要运行病毒的载体程序，才能引入内存。“黑色星期五”“CIH”等就是典型的文件型病毒。根据文件型病毒寄生在文件中的方式不同，可以分为覆盖型文件病毒、依附型文件病毒、伴随型文件病毒。

1. 覆盖型文件病毒

此类计算机病毒的特征是覆盖所感染文件中的数据。也就是说，一旦某个文件感染了此类计算机病毒，即使将带毒文件中的恶意代码清除，文件中被其覆盖的那部分内容也不能恢复。对于覆盖型的文件则只能将其彻底删除。

2. 依附型文件病毒

依附病毒会把自己的代码复制到宿主文件的开头或结尾处，并不改变其攻击目标（即该病毒的宿主程序），相当于给宿主程序加了一个“外壳”。然后，依附病毒常常是移动文件指针到文件末尾，写入病毒体，并修改文件的前二三个字节为一个跳转语句（JMP/EB），略过源文件代码而跳到病毒体。病毒体尾部保存了源文件中3个字节的数据，于是病毒执行完毕之后恢复数据并把控制权交回源文件。

3. 伴随型文件病毒

并不改变文件本身，根据算法产生EXE文件的伴随体，具有同样的名字和不同的扩展名。例如，“xcopy.exe”的伴随体“xcopy.com”。病毒把自身写入COM文件并不改变EXE文件，当DOS加载文件时，伴随体优先被执行，再由伴随体加载执行原来的EXE文件。

文件型病毒曾经是DOS时代病毒的特点，进入Windows之后，文件型病毒的数量下降很多。但2006年的维金和2007年初的“熊猫烧香”病毒“风靡”

全国之后，文件型病毒不断增多，除了传统的文件感染方式外，还新增了如“瓢虫”“小浩”等新的覆盖式感染。这种不负责任的感染方式将导致中毒用户机器上的被感染文件无法修复，带来毁灭性的损坏。

（三）宏病毒

宏是 Microsoft 公司为其 Office 软件包设计的一个特殊功能，软件设计者为了让人们在使用软件进行工作时避免一再地重复相同的动作而设计出来的一种工具。利用简单的语法，把常用的动作写成宏，在工作时，可以直接利用事先编好的宏自动运行，完成某项特定的任务，而不必再重复相同的动作，目的是让用户文档中的一些任务自动化。

宏病毒主要以 Microsoft Office 的“宏”为宿主，寄存在文档或模板的宏中的计算机病毒。一旦打开这样的文档，其中的宏就会被执行，于是宏病毒就会被激活，并能通过 DOC 文档及 DOT 模板进行自我复制及传播。

四、蠕虫病毒

（一）蠕虫病毒的概念

蠕虫（Worm）病毒是一种常见的计算机病毒，通过网络复制和传播，具有病毒的一些共性，如传播性、隐蔽性、破坏性等，同时具有自己的一些特征，如不利用文件寄生（有的只存在于内存中）。蠕虫病毒是自包含的程序（或是一套程序），能传播自身功能的拷贝或自身某些部分到其他的计算机系统中（通常是经过网络连接）。与一般病毒不同，蠕虫病毒不需要将其自身附着到宿主程序。

蠕虫病毒的传播方式有：通过操作系统漏洞传播、通过电子邮件传播、通过网络攻击传播、通过移动设备进行传播、通过即时通信等社交网络传播。

在产生的破坏性上，蠕虫病毒也不是普通病毒所能比拟的。网络的发展，使蠕虫可以在短时间内蔓延整个网络，造成网络瘫痪。根据使用者情况将蠕虫病毒分为两类。一类是针对企业用户和局域网的，这类病毒利用系统漏洞，主动进行攻击，可以对整个因特网造成瘫痪性的后果，如“尼姆达”“SQL 蠕虫王”。另外一类是针对个人用户的，通过网络（主要是电子邮件、恶意网页形式）迅速传播，以“爱虫”病毒、“求职信”病毒为代表。在这两类蠕虫中，第一类具有很大的主动攻击性，而且爆发也有一定的突然性；第二类病毒的传播方式比较复杂、多样，少数利用了 Microsoft 应用程序的漏洞，更多的是利用社会工程学对用户进行欺骗和诱使，这样的病毒造成的损失是非常大的，同时也是很难根除的，例如，“求职信”病毒，在 2001 年就已经被各大杀毒厂商发现，但直到 2002 年底依然排在病毒危害排行榜的首位。

（二）蠕虫病毒与传统病毒的区别

蠕虫病毒一般不采取利用 PE 格式插入文件的方法，而是在因特网环境下复制自身进行传播。传统病毒的传染能力主要是针对计算机内的文件系统而言，而蠕虫病毒的传染目标是因特网内的所有计算机。局域网条件下的共享文件夹、电子邮件、网络中的恶意网页、大量存在着漏洞的服务器等都成为蠕虫传播的良好途径。网络的发展也使蠕虫病毒可以在几个小时内蔓延全球，而且蠕虫病毒的主动攻击性和突然爆发性将使人们手足无措。蠕虫病毒与传统病毒的比较如表 3-1 所示。

表 3-1　蠕虫病毒与传统病毒的比较

	传统病毒	蠕虫病毒
存在形式	寄存文件	独立存在
传染机制	宿主文件运行	主动攻击
传染目标	文件	网络

第四节 计算机病毒的防治

众所周知，对于一个计算机系统，要知道其有无感染病毒，首先要进行检测，然后才是防治。具体的检测方法不外乎两种：自动检测和人工检测。

自动检测是由成熟的检测软件（杀毒软件）来自动工作，无需多少人工干预，但是由于现在新病毒出现快、变种多，有时候不能及时更新病毒库，所以，需要人工根据计算机出现的异常情况进行检测。感染病毒的计算机系统内部会发生某些变化，并在一定的条件下表现出来，因而可以通过直接观察来判断系统是否感染病毒。

一、计算机病毒引起的异常现象

通过对所发现的异常现象进行分析，可以大致判断系统是否被传染病毒。系统感染病毒后会有一些现象，如下所述。

（一）运行速度缓慢，CPU 使用率异常高

如果开机以后，系统运行缓慢，可以关闭应用软件，用任务管理器查看 CPU 的使用率。如果使用率突然增高，超过正常值，一般就是系统出现异常。

（二）蓝屏

有时候病毒文件会让 Windows 内核模式的设备驱动程序或者子系统引发一个非法异常，引起蓝屏现象。

（三）浏览器出现异常

当浏览器出现异常时候，例如，莫名地被关闭，主页篡改，强行刷新或跳转网页，频繁弹出广告等。

（四）应用程序图标被篡改或变成空白

程序快捷方式图标或程序目录的主 EXE 文件的图标被篡改或变成空白，那么很有可能这个软件的 EXE 程序被病毒或木马感染。例如“熊猫烧香”病毒。

出现上述系统异常情况，也可能是由误操作和软硬件故障引起的。在系统出现异常情况后，及时更新病毒库，使用杀毒软件进行全盘扫描，可以准确确定是否感染了病毒，并及时清除。

二、计算机病毒程序一般构成

计算机病毒程序通常由 3 个单元和 1 个标志构成：引导模块、感染模块、破坏表现模块和感染标志。

（一）感染标志

计算机病毒在感染前，需要先通过识别感染标志判断计算机系统是否被感染。若判断没有被感染，则将病毒程序的主体设法引导安装在计算机系统，为其感染模块和破坏表现模块的引入、运行和实施做好准备。

（二）引导模块

实现将计算机病毒程序引入计算机内存，并使得传染和表现模块处于活动状态。引导模块需要提供自我保护功能，避免在内存中的自身代码不被覆盖或清除。计算机病毒程序引入内存后为传染模块和表现模块设置相应的启动条件，以便在适当的时候或者合适的条件下激活传染模块或者触发表现模块。

（三）感染模块

1. 感染条件判断子模块

依据引导模块设置的传染条件，判断当前系统环境是否满足传染条件。

2. 传染功能实现子模块

如果传染条件满足，则启动传染功能，将计算机病毒程序附加在其他宿主程序上。

（四）破坏模块

病毒的破坏模块主要包括两部分：一是激发控制，当病毒满足一个条件，病毒就发作；另一个就是破坏操作，不同病毒有不同的操作方法，典型的恶性病毒是疯狂拷贝、删除文件等。

三、计算机防病毒技术原理

自20世纪80年代出现具有危害性的计算机病毒以来，计算机专家就开始研究反病毒技术，反病毒技术随着病毒技术的发展而发展。

常用的计算机病毒诊断技术有以下几种。这些方法依据的原理不同，实现时所需的开销不同，检测范围也不同，各有所长。

（一）特征代码法

特征代码法是现在的大多数反病毒软件的静态扫描所采用的方法，是检测已知病毒最简单、开销最小的方法。

当防毒软件公司收集到一种新的病毒时，就会从这个病毒程序中截取一小段独一无二而且足以表示这种病毒的二进制代码（Binary Code），来当作扫描程序辨认此病毒的依据，而这段独一无二的二进制代码，就是所谓的病毒特征码。分析出病毒的特征码后，并集中存放于病毒代码库文件中，在扫描的时候将扫描对象与特征代码库比较，如果吻合，则判断为感染上病毒。特征代码法实现起来简单，对于查杀传统的文件型病毒特别有效，而且由于已知特征代码，清除病毒十分安全和彻底。使用特征码技术需要实现一些补充功能，如近来的压缩可执行文件自动查杀技术。

1. 特征代码法的优点

检测准确、可识别病毒的名称、误报警率低、依据检测结果可做杀毒处理。

2. 特征代码法的缺点

主要表现在以下几个方面。

（1）速度慢。检索病毒时，必须对每种病毒特征代码逐一检查，随着病毒种类的增多，特征代码也增多，检索时间就会变长。

（2）不能检查多形性病毒。

（3）不能对付隐蔽性病毒。隐蔽性病毒如果先进驻内存，然后运行病毒检测工具，隐蔽性病毒就能先于检测工具，将被查文件中的病毒代码剥去，检测工具只是在检查一个虚假的“好文件”，而不会报警，被隐蔽性病毒所蒙骗。

（4）不能检查未知病毒。对于从未见过的新病毒，病毒特征代码法自然无法知道其特征代码，因而无法检测这些新病毒。

（二）校验和法

病毒在感染程序时，大多都会使被感染的程序大小增加或者日期改变，校验和法就是根据病毒的这种行为来进行判断的。首先把硬盘中的某些文件（如计算磁盘中的实际文件或系统扇区的 CRC 检验和）的资料汇总并记录下来。在以后的检测过程中重复此项动作，并与前次记录进行比较，借此来判断这些文件是否被病毒感染。

1. 校验和法的优点

方法简单，能发现未知病毒，被查文件的细微变化也能被发现。

2. 校验和法的缺点

主要体现在以下几方面。

（1）由于病毒感染并非文件改变的唯一原因，文件的改变常常是正常程序引起的，如常见的正常操作（如版本更新、修改参数等），所以校验和法误报率较高。

（2）效率较低。

（3）不能识别病毒名称。

（4）不能对付隐蔽型病毒。

（三）行为监测法

病毒感染文件时，常常有一些不同于正常程序的行为。利用病毒的特有行为和特性监测病毒的方法称为行为监测法。通过对病毒多年的观察、研究，发现有一些行为是病毒的共同行为，而且比较特殊，而在正常程序中，这些行为比较罕见。当程序运行时，监视其行为，如果发现了病毒行为，立即报警。

行为监测法就是引入一些人工智能技术，通过分析检查对象的逻辑结构，将其分为多个模块，分别引入虚拟机中执行并监测，从而查出使用特定触发条件的病毒。

行为监测法的优点在于不仅可以发现已知病毒，而且可以相当准确地预报未知的多数病毒。但行为监测法也有其短处，即可能误报警和不能识别病毒名称，而且实现起来有一定的难度。

（四）虚拟机技术

多态性病毒每次感染病毒代码都发生变化。对于这种病毒，特征代码法失效。因为多态性病毒代码实施密码化，而且每次所用密钥不同，把染毒的病毒代码相互比较，也无法找出相同的可能作为特征的稳定代码。虽然行为监测法可以检测多态性病毒，但是在检测出病毒后，因为不知病毒的种类，难于进行杀毒处理。

为了检测多态性病毒和一些未知的病毒，可应用新的检测方法——虚拟机技术（软件模拟法）。“虚拟机技术”即是在计算机中创造一个虚拟系统。虚拟系统通过生成现有操作系统的全新虚拟镜像，其具有真实系统完全一样的功能。进入虚拟系统后，所有操作都是在这个全新的独立的虚拟系统里面进行，可以独立安装运行软件，保存数据，不会对真正的系统产生任何影响。将病毒在虚拟环境中激活，从而观察病毒的执行过程，根据其行为特征，从而判断是否为病毒。这个技术对加壳和加密的病毒非常有效，因为这两类病毒在执行时最终还是要自身脱壳和解密的，这样，杀毒软件就可以在其“现出原形”之后通过特征码查毒法对其进行查杀。

虚拟机技术是一种软件分析器，用软件方法来模拟和分析程序的运行。虚拟机技术一般结合特征代码法和行为监测法一起使用。

Sandboxie（又叫沙箱、沙盘）即是一种虚拟系统。在隔离沙箱内运行的程序完全隔离，任何操作都不对真实系统产生危害，就如同一面镜子，病毒所影响的是镜子中的影子系统而已。

在反病毒软件中引入虚拟机是由于综合分析了大多数已知病毒的共性，并基本可以认为在今后一段时间内的病毒大多会沿袭这些共性。由此可见，虚拟机技术是离不开传统病毒特征码技术的。

总的来说，特征代码法查杀已知病毒比较安全彻底，实现起来简单，常用于静态扫描模块中；其他几种方法适合于查杀未知病毒和变形病毒，但误报率高，实现难度大，在常驻内存的动态监测模块中发挥重要作用。综合利用上述几种技术，互补不足，并不断发展改进，才是反病毒软件的必然趋势。

第五节　防病毒软件

一、常用的单机杀毒软件

随着计算机技术的不断发展，病毒不断涌现出来，杀毒软件也层出不穷，各个品牌的杀毒软件也不断更新换代，功能更加完善。在我国最流行、最常用的杀毒软件有 360 杀毒、金山毒霸、瑞星、腾讯电脑管家、Kapersky、NOD32、Norton AntiVims、McAfee VirusScan、Kv3000、KILL 等。

各个品牌的杀毒软件各有特色，但是基本功能都大同小异。从群体统计来看，国内个人计算机防病毒使用 360 杀毒的占绝大多数。

二、网络防病毒方案

目前，因特网已经成为病毒传播最大的来源，电子邮件和网络信息传递为病毒传播打开了高速通道。病毒的感染、传播的能力和途径也由原来的单一、简单变得复杂、隐蔽，造成的危害越来越大，几乎到了令人防不胜防的地步。这对防病毒产品提出了新的要求。

很多企业、学校都建立了一个完整的网络平台，急需相对应的网络防病毒体系。尤其是学校这样的网络环境，网络规模大、计算机数量多、学生使用计算机流动性强，很难全网一起杀毒，更需要建立整体防病毒方案。

下面以国内著名的瑞星杀毒软件网络版为例介绍网络防病毒的体系结构。瑞星杀毒软件网络版采用分布式的体系结构，整个防病毒体系是由 4 个相互关联的子系统组成：系统中心、服务器端、客户端、移动式管理员控制台。各个子系统协同工作，共同完成对整个网络的病毒防护工作，为企业级用户的网络系统提供全方位防病毒解决方案。

（一）系统中心

系统中心是整个瑞星杀毒软件网络版网络防病毒体系的信息管理和病毒防护的自动控制核心，其实时地记录防护体系内每台计算机上的病毒监控、检测和清除信息，同时根据管理员控制台的设置，实现对整个防护系统的自动控制。

（二）服务器端/客户端

服务器端/客户端是分别针对网络服务器/网络工作站（客户机）设计的，承担着对当前服务器/工作站上病毒的实时监控、检测和清除，自动向系统中心报告病毒监测情况，以及自动进行升级的任务。

（三）管理员控制台

管理员控制台是为网络管理员专门设计的，是整个瑞星杀毒软件网络版网络防病毒系统设置、管理和控制的操作平台。它集中管理网络上所有已安装了瑞星杀毒软件网络版的计算机，同时实现对系统中心的管理。它可以安装到任何一台安装了瑞星杀毒软件网络版的计算机上，实现移动式管理。

瑞星杀毒软件网络版采用分布式体系，结构清晰明了，管理维护方便。管理员只要拥有管理员账号和口令，就能在网络上任何一台安装了瑞星管理员控制台的计算机上，实现对整个网络上所有计算机的集中管理。

另外，校园网、企业网络面临的威胁已经由传统的病毒威胁转化为包括蠕虫、木马、间谍软件、广告软件和恶意代码等与传统病毒截然不同的新类型。这些新类型的威胁在业界称为混合型威胁。混合型病毒将传统病毒原理和黑客攻击原理巧妙地结合在一起，将病毒复制、蠕虫蔓延、漏洞扫描、漏洞攻击、DDoS攻击、遗留后门等攻击技术综合在一起，其传播速度非常快，造成的破坏程度也要比以前的计算机病毒所造成的破坏大得多。混合型病毒的出现使人们意识到：必须设计一个有效的主动式保护战略，在病毒爆发之前进行遏制。

三、选择防病毒软件的标准

（一）病毒查杀能力

病毒查杀的能力是衡量网络版杀毒软件性能的重要因素。用户在选择软件的时候，不仅要考虑可查杀病毒的种类数量，更应该注重其对流行病毒的查杀能力。很多厂商都以拥有大病毒库而自豪，其实很多恶意攻击都是针对政府、金融机构、门户网站的，并不对普通用户的计算机构成危害。过于庞大的病毒库会降低杀毒软件的工作效率，同时也会增大误报、误杀的可能性。

（二）对新病毒的反应能力

对新病毒的反应能力也是考察防病毒软件查杀病毒能力的一个重要方面。通常，防病毒软件供应商都会在全国甚至全世界建立一个病毒信息收集、分析和预测的网络，使其软件能更加及时、有效地查杀出的新病毒。这一搜集网络体现了软件商对新病毒的反应能力。

（三）病毒实时监测能力

对网络驱动器的实时监控是网络版杀毒软件的一个重要功能。在很多单位，特别是网吧、学校、机关中，有一些老式机器因为资源、系统等问题不能安装杀毒软件，就需要使用这种功能进行实时监控。同时，实时监控还应识别尽可能多的邮件格式，具备对网页的监控和从端口进行拦截病毒邮件的功能。

（四）快速、方便的升级能力

只有不断更新病毒数据库，才能保证防病毒软件对新病毒的查杀能力。升级的方式应该多样化，防病毒软件厂商必须提供多种升级方式，特别是对于公安、医院、金融等不能连接到因特网的用户，必须要求厂商提供除因特网以外的本地服务器、本机等升级方式。自动升级的设置也应该多样。

（五）智能安装、远程识别

对于中小企业用户，由于网络结构相对简单，网络管理员可以手动安装相应软件，只需要明确各种设备的防护需求即可。对于计算机网络应用复杂的用户（跨国机构、国内连锁机构、大型企业等）选择软件时，应该考虑到各种情况，要求能提供多种安装方式，如域用户的安装、普通用户的安装、未联网用户的安装和移动客户的安装等。

（六）管理方便，易于操作

系统的可管理性是系统管理员尤其需要注意的问题，对于那些多数员工对计算机知识不是很了解的单位，应该限制客户端对软件参数的修改权限；对于软件开发、系统集成等科技企业，根据员工对网络安全知识的了解情况及工作需要，可适当开放部分参数设置的权限，但必须做到可集中控制管理。对于网络管理技术薄弱的企业，可以考虑采用远程管理的措施，把企业用户的防病毒管理交给专业防病毒厂商的控制中心专门管理，从而降低用户企业的管理难度。

（七）对资源的占用情况

防病毒程序进行实时监控都或多或少地要占用部分系统资源，这就不可避免地要带来系统性能的降低。例如，一些单位上网速度太慢，有一部分原因是防病毒程序对文件过滤带来的影响。企业应该根据自身网络的特点，灵活地配置企业版防病毒软件的相关设置。

（八）系统兼容性与可融合性

系统兼容性是选购防病毒软件时需要考虑的因素。防病毒软件的一部分常驻程序如果与其他软件不兼容，将会带来很多问题，比如引起某些第三方控件无法使用，影响系统的运行。在选购安装时，应该经过严密的测试，以免影响正常系统的运行。对于机器操作系统千差万别的企业，还应该要求企业版防病毒能适应不同的操作系统平台。

第四章　数据加密技术

本章在对密码学的相关知识进行概述性介绍的基础上，重点讲述目前最为常见的两种数据加密技术——对称加密技术（以 DES 算法为代表）和公开密钥加密技术（以 RSA 算法为代表），分别分析这两种典型算法的基本思想、安全性和在实际中的应用，并对其他常用的加密算法进行简单介绍。同时，本章讲述数字加密技术的几种典型应用（数字签名、报文鉴别、PGP 加密、SSL 和 SET 协议、PKI 技术等）。通过对世界优秀加密软件——PGP 加密系统的使用，掌握各种典型的加密算法在文件/文件夹、邮件的加密、签名，磁盘的加密以及资料的彻底删除中的应用。通过在 Windows Server 系统中搭建 VPN 服务器，掌握 PKI 技术在虚拟专用网 VPN 中的运用。

第一节　密码学概述

早在 4000 多年前，人类就已经有了使用密码技术的记载。最早的密码技术源自隐写术。用明矾水在白纸上写字，当水迹干了之后，就什么也看不到了，而在火上烤时，字就会显现出来。这是一种非常简单的隐写术。在一些武侠小说中，有的武功秘籍纸泡在水里就能显示出来，这些都是隐写术的具体表现。

在现代生活中，随着计算机网络的发展，用户之间信息的交流大多都是通过网络进行的。用户在计算机网络上进行通信，一个主要的危险是所传送的数据被非法窃听，例如搭线窃听、电磁窃听等。因此，如何保证传输数据的机密性成为计算机网络安全需要研究的一个课题。通常的做法是先采用一定的算法对要发送的数据进行软加密，然后将加密后的报文发送出去，这样即使在传输过程中报文被截获，对方也一时难以破译以获得其中的信息，保证了传送信息的机密性。

数据加密技术是信息安全的基础，很多其他的信息安全技术（例如防火墙技术、入侵检测技术等）都是基于数据加密技术的。同时，数据加密技术也是保证信息安全的重要手段之一，不仅具有对信息进行加密的功能，还具有数字签名、身份验证、秘密分存、系统安全等功能。所以，使用数据加密技术不仅可以保证信息的机密性，还可以保证信息的完整性、不可否认性等安全要素。

密码学（Cryptology）是一门研究密码技术的科学，包括两个方面的内容，分别为密码编码学（Cryptography）和密码分析学（Cryptanalysis），其中，密码编码学是研究如何将信息进行加密的科学，密码分析学则是研究如何破译密码的科学。两者研究的内容刚好是相对的，但两者却是互相联系、互相支持的。

一、密码学的有关概念

密码学的基本思想是伪装信息，使未授权的人无法理解其含义。所谓伪装，就是将计算机中的信息进行一组可逆的数字变换的过程，其中包括以下几个相关的概念。

（1）加密（Encryption，记为 E）。加密将计算机中的信息进行一组可逆的数学变换的过程。用于加密的这一组数学变换称为加密算法。

（2）明文（Plain text，记为 P）。信息的原始形式，即加密前的原始信息。

（3）密文（Cipher text，记为 C）。明文经过了加密后就变成了密文。

（4）解密（Decryption，记为 D）。授权的接收者接收到密文之后，进行与加密互逆的变换，去掉密文的伪装，恢复明文的过程，就称为解密。用于解密的一组数学变换称为解密算法。

加密和解密是两个相反的数学变换过程，都是用一定的算法实现的。为了有效地控制这种数学变换，需要一组参与变换的参数。这种在变换过程中，通信双方掌握的专门的信息就称为密钥（Key）。加密过程是在加密密钥（记为 K_e）的参与下进行的；同样，解密过程是在解密密钥（记为 K_d）的参与下完成的。

数据加密和解密的模型如图 4-1 所示。

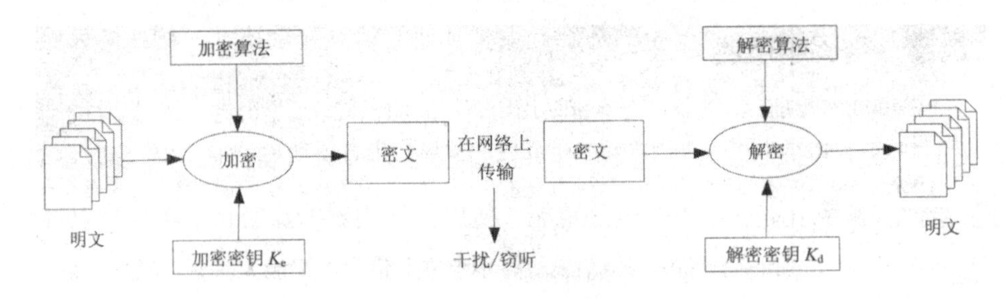

图 4-1　数据加密、解密模型示意图

从图 4-1 可以看到，将明文加密为密文的过程可以表示为：

$$C=E(P, K_e)$$

将密文解密为明文的过程可以表示为：

$$P=D(C, K_d)$$

二、密码学发展的 3 个阶段

（一）第一阶段古典密码学阶段

通常把从古代到 1949 年这一时期称为古典密码学阶段。这一阶段可以看作是科学密码学的前夜时期，那时的密码技术还不是一门科学，只是一种艺术，密码学专家常常是凭知觉和信念来进行密码设计和分析，而不是推理和证明。

在这个阶段中，出现了一些密码算法和加密设备，主要是针对字符进行加密，简单的密码分析手段在这个阶段也出现了。在古典密码学阶段，加密数据的安全性取决于算法的保密，如果算法被人知道了，密文也就很容易被人破解。

关于这个阶段的古典加密技术详见本章第二节。

（二）第二阶段现代密码学阶段

这个阶段从 1949 年到 1975 年。1949 年 Shannon 发表的《保密系统的信息理论》（*The Communication Theory of Secret Systems*）为近代密码学建立了理论基础，从此使密码学成为一门科学。从 1949 年到 1967 年，密码学是军队独家专有的领域，个人既无专业知识又无足够的财力去投入研究，因此这段时间密码学方面的文献近乎空白。

1967 年 Kahn 出版了一本专著《破译者》(*Codebreakers*)，对以往的密码学历史进行了相当完整的记述，使成千上万的人了解了密码学。此后，密码学文章开始大量涌现。大约在同一时期，早期为空军研制敌我识别装置的 Horst Feistel 在位于纽约约克镇高地的 IBM Watson 实验室里花费了毕生精力致力于密码学的研究。在那里，他开始着手美国数据加密标准（Data Encryption Standard，DES）的研究，到 20 世纪 70 年代初期，IBM 发表了 Feistel 及其同事在这个课题方面的几篇技术报告。

在这个阶段，加密数据的安全性取决于密钥而不是算法的保密。这是和古典密码学阶段的重要区别。

（三）第三阶段公钥密码学阶段

第三阶段从 1976 年至今。1976 年，Diffie 和 Hellman 在他们发表的论文《密码学的新动向》(*New Directions in Cryptography*）中，首先证明了在发送端和接收端无密钥传输的保密通信是可能的，第一次提出了公开密钥密码学的概念，从而开创了公钥密码学的新纪元。1977 年，Rivest、Shamir 和 Adleman 3 位教授提出了 RSA 公钥算法。到了 20 世纪 90 年代，逐步出现椭圆曲线等其他公钥算法。

相对于 DES 等对称加密算法，这一阶段提出的公钥加密算法使加密时无需在发送端和接收端之间传输密钥，从而进一步提高了加密数据的安全性。

三、密码学与信息安全的关系

在第一章介绍了信息安全的 5 个基本要素（保密性、完整性、可用性、可控性、不可否认性)，而数据加密技术正是保证信息安全基本要素的一个非常重要的手段。可以说，没有密码学就没有信息安全，所以密码学是信息安全的一个核心。这里简单地说明密码学是如何保证信息安全的基本要素的。

1. 信息的保密性

提供只允许特定用户访问和阅读信息，任何非授权用户对信息都不可理解的服务。这是通过密码学中的数据加密来实现的。

2. 信息的完整性

提供确保数据在存储和传输过程中不被未授权修改（篡改、删除、插入和伪造等）的服务。这可以通过密码学中的数据加密、单向散列函数来实现。

3. 信息的源发鉴别

提供与数据和身份识别有关的服务。这可以通过密码学中的数字签名来实现。

4. 信息的抗抵赖性

提供阻止用户否认先前的言论或行为的服务。这可以密码学中的数字签名和时间戳来实现，或借助可信的注册机构或证书机构来提供这种服务。

第二节　古典加密技术

古典密码学主要采用对明文字符的替换和换位两种技术来实现的。这些加密技术的算法比较简单，其保密性主要取决于算法的保密性。下面简单介绍这两种典型的古典加密技术：替换密码技术和换位密码技术。

一、替换密码技术

在替换密码技术中，用一组密文字母来代替明文字母，以达到隐藏明文的目的。最典型的替换密码技术是公元前 50 年左右罗马皇帝朱利叶·恺撒发明的一种用于战时秘密通信的方法——“恺撒密码”。这种密码技术将字母按字母表的顺序排列，并将最后一个字母和第一个字母相连起来构成一个字母表序列，明文中的每个字母用该序列中在其后面的第三个字母来代替，构成密文。也就是说，密文字母相对明文字母循环右移了 3 位，所以这种密码也称为“循环移位密码”。根据这个映射规则写出来的恺撒密码映射表如表 4-1 所示。

表 4-1　恺撒密码字母映射表

明文字母	a	b	c	d	e	f	g	h	i	j	k	l	m
位置序号	1	2	3	4	5	6	7	8	9	10	11	12	13
密文字母	d	e	f	g	h	i	j	k	l	m	n	o	p
位置序号	4	5	6	7	8	9	10	11	12	13	14	15	16
明文字母	n	o	p	q	r	s	t	u	v	w	x	y	z
位置序号	14	15	16	17	18	19	20	21	22	23	24	25	26
密文字母	q	r	s	t	u	v	w	x	y	z	a	b	c
位置序号	17	18	19	20	21	22	23	24	25	26	1	2	3

例如，shenzhen 的恺撒密码为“vkhqckhq”。这种映射关系可以用函数表达如下。

$$C=E(a, k)=(a+k)\bmod(n)$$

其中，a 为要加密的明文字母的位置序号；k 为密钥，这里为 3；n 为字母表中的字符个数，这里为 26。

例如，对于明文“s”，计算如下。

$$C=E(\mathrm{s})=(19+3)\bmod 26=22=\mathrm{v}$$

可以得到字母“s”的密文是“v”。

对于恺撒密码技术，解密的方法也特别简单，只要依据表 4-1，从密文字母找出相应的明文字母即可。恺撒密码技术非常简单，从上面的分析中可以知道，恺撒密码是很容易破译的，只要进行最多 25 次尝试就可以得到密钥 k，可见这种密码的安全性很差。

二、换位密码技术

与上面讲的替换密码技术相比，换位密码技术并没有替换明文中的字母，而是通过改变明文字母的排列次序来达到加密的目的。最常用的换位密码是列换位密码。下面通过一个例子来说明其工作情况。

【例 4-1】采用一个字符串“ABLE”为密钥，把明文“CAN YOU UNDERSTAND”进行列换位加密。

在列换位加密算法中，将明文按行排列到一个矩阵中（矩阵的列数等于密钥字母的个数，行数以够用为准，如果最后一行不全，可以用 A、B、C……填充），然后按照密钥各个字母大小的顺序排出列号，以列的顺序将矩阵中的字母读出，就构成了密文。

密钥	A	B	L	E
顺序	1	2	4	3
	C	A	N	Y
	0	U	U	N
	D	E	R	S
	T	A	N	D

从上面的矩阵中，按照密钥“ABLE”所确定的列顺序 1243，按列写出该矩阵中的字母。先从第一列中得到“CODT”，然后从第二列中得到“AUEA”，再从第四列中得到“YNSD”，最后从第三列中得到“NURN”，就构成了“CAN YOU UNDERSTAND”的密文“CODTAUEAYNSDNURN”。

第三节　对称加密算法及其应用

随着数据加密技术的发展，现代密码学主要有两种基于密钥的加密算法，分别是对称加密算法和公开密钥算法。

如果在一个密码体系中，加密密钥和解密密钥相同，就称之为对称加密算法。在这种算法中，加密和解密的具体算法是公开的，要求信息的发送者和接收者在安全通信之前商定一个密钥。因此，对称加密算法的安全性完全依赖于密钥的安全性，如果密钥丢失，就意味着任何人都能够对加密信息进行解密了。

对称加密算法根据其工作方式，可以分成两类。一类是一次只对明文中的一个位（有时是对一个字节）进行运算的算法，称为序列加密算法。另一类是每次对明文中的一组位进行加密的算法，称为分组加密算法。现代典型的分组加密算法的分组长度是64位。这个长度既方便使用，又足以防止分析破译。

一、DES算法及其基本思想

DES（Data Encryption Standard，数据加密标准）算法是一种最为典型的对称加密算法，是美国政府在1977年采纳的数据加密标准，是由IBM公司为非机密数据加密所设计的方案，后来被国际标准局采纳为国际标准。DES以算法实现快、密钥简短等特点成为现在使用非常广泛的一种加密标准。

DES是一种对称加密算法，是按分组方式进行工作的算法，通过反复使用替换和换位两种基本的加密组块的方法，达到加密的目的。下面简单介绍一下这种加密算法的基本思想。

DES算法将输入的明文分成64位的数据组块进行加密，密钥长度为64位，有效密钥长度为56位（其他8位用于奇偶校验），其加密大致分成3个过程，分别为初始置换、16轮迭代变换和逆置换。

首先，将64位的数据经过一个初始置换（这里记为IP变换）后，分成左右各32位两部分，进入迭代过程。在每一轮的迭代过程中，先将输入数据右半部分的32位扩展为48位，然后与由64位密钥所生成的48位的某一子密钥进行异或运算，得到的48位的结果通过S盒压缩为32位，再将这32位数据经过置换后与输入数据左半部分的32位数据异或，最后得到新一轮迭代的右半部分。同时，将该轮迭代输入数据的右半部分作为这一轮迭代输出数据的左半部分。这样，就完成了一轮的迭代。通过16轮迭代后，产生一个新的64位的数据。注意，最后一次迭代后所得结果的左半部分和右半部分不再交换。这样做的目的是使加密和解密可以使用同一个算法。最后，将64位的数据进行一个逆置换（记为IP^{-1}），就得到了64位的密文。

可见，DES 算法的核心是 16 轮的迭代变换过程。

对于每轮迭代，其左、右半部的输出如下。

$$L_i = R_{i-1}$$

$$R_i = L_{i-1} \oplus f（R_{i-1}，k_i）$$

其中，i 表示迭代的轮次；$\oplus$表示按位异或运算；f 是指包括扩展变换 E、密钥产生、S 盒压缩、置换运算 P 等在内的加密运算。

这样，可以将整个 DES 加密过程用数学符号简单表示如下。

$$L_0R_0 \leftarrow IP（\text{<64bit 明文>}）$$

$$L_i \leftarrow R_{i-1}$$

$$R_i \leftarrow L_{i-1} \oplus f（R_{i-1}，k_i）$$

$$\text{<64bit 密文>} \leftarrow IP^{-1}（R_{16}L_{16}）$$

其中，$i=1，2，3，\cdots，16$。

DES 的解密过程和加密过程完全类似，只是在 16 轮的迭代过程中所使用的子密钥刚好和加密过程相反，即第一轮时使用的子密钥采用加密时最后一轮（第 16 轮）的子密钥，第 2 轮时使用的子密钥采用加密时第 15 轮的子密钥……最后一轮（第 16 轮）时使用的子密钥采用加密时第一轮的子密钥。

二、DES 算法的安全性分析

DES 算法的整个体系是公开的，其安全性完全取决于密钥的安全性。该算法中，由于经过了 16 轮的替换和换位的迭代运算，使密码的分析者无法通过密文获得该算法一般特性以外的更多信息。对于这种算法，破解的唯一可行途径是尝试所有可能的密钥。对于 56 位长度的密钥，可能的组合达到 $2^{56} = 7.2x10^{16}$ 种，想用穷举法来确定某一个密钥的机会是很小的。

表 4-2 表明了不同的密钥长度受到不同的攻击时，破解密码所需要的平均时间。

表 4-2 是基于 1997 年的技术统计分析的攻击结果，其中，各个不同的攻击者定义如表 4-3 所示。

表 4-2　不同密钥长度承受攻击的情况

攻击者类型密钥长度	个人攻击	小组攻击	院校网络攻击	大公司	军事情报机构
40 位	数周	数日	数小时	数毫秒	数微秒
56 位	数百年	数十年	数年	数小时	数秒钟
64 位	数千年	数百年	数十年	数日	数分钟
80 位	不可能	不可能	不可能	数百年	数百年
128 位	不可能	不可能	不可能	不可能	数千年

表 4-3　攻击者定义表

攻击者类型	所配备的计算机资源	每秒处理的密钥数目
个人攻击	1 台高性能台式计算机及其软件	$2^{17}\sim2^{24}$
小组攻击	16 台高性能台式计算机及其软件	$2^{21}\sim2^{24}$
院校网络攻击	256 台高性能台式计算机及其软件	$2^{25}\sim2^{28}$
大公司	配有价值 100 万美元的硬件	2^{43}
军事情报机构	配有价值 100 万美元的硬件及先进的攻击技术	2^{55}

可见，对于 DES 算法的破解是比较困难的，或者即使能够破解，但是付出的代价相对于破解后所得到的回报过大，也失去了破解的意义。

为了进一步提高 DES 算法的安全性，可以采用加长密钥的方法。现在商用 DES 算法的密钥一般采用 128 位。

三、其他常用的对称加密算法

随着计算机软硬件水平的提高，DES 算法的安全性也受到了一定的挑战。为了更进一步提高对称加密算法的安全性，在 DES 算法的基础上发展了其他对称加密算法，如三重 DES、IDEA 等。

（一）三重 DES（Triple DES）算法

三重 DES 算法是在 DES 算法的基础上为了提高算法的安全性而发展起来的，采用 2 个或 3 个密钥对明文进行 3 次加解密运算，三重 DES 算法的有效密钥长度就从 DES 算法的 56 位变成 112 位或 168 位，因此安全性也相应得到了提高。

（二）IDEA（International Data Encryption Algorithm）算法

IDEA 源自瑞士联邦技术学院的中国学者来学嘉博士和著名的密码专家 James L. Massey 于 1990 年联合提出建议标准算法（Proposed Encryption Standard, PES），1991 年提出 PES 的修正版 IPES（Improved PES），1992 年进行了改进，强化了抗差分分析的能力，并改名为 IDEA。

和 DES 算法一样，IDEA 也是对 64 位大小的数据块进行加密的分组加密算法，输入的明文为 64 位，生成的密文也为 64 位。IDEA 是一种由 8 个相似圈和一个输出变换组成的迭代算法。相对于 DES 算法，IDEA 的密钥长度增加到 128 位，能够有效地提高算法的安全性。IDEA 自问世以来，已经经历了大量的详细审查，对密码分析具有很强的抵抗能力。目前尚无一篇公开发表的试图对 IDEA 进行密码分析的文章。因此，就现在来看，应当说 IDEA 是非常安全的。IDEA 采用软件实现和采用硬件实现同样快速，在多种商业产品中被使用。

目前，IDEA 已由瑞士的 Ascom 公司注册专利，以商业目的使用 IDEA 必须向该公司申请专利许可。

（三）AES（Advanced Encryption Standard）算法

AES 是美国国家标准与技术研究所（Nation Institute of Standards and Technology, NIST）旨在取代 DES 的 21 世纪的加密标准。1998 年 NIST 开始进行 AES 的分析、测试和征集，最终在 2000 年 10 月，美国政府正式宣布选中比利时密码学家 Joan Daemen 和 Vincent Rijmen 提出的一种密码算法 Rijndael 作为 AES，并于 2001 年 11 月出版了最终标准 FIPS PUB197。

AES算法采用对称分组密码体制，密钥长度支持128、192和256位，分组长度128位。由于AES算法在安全强度上比DES算法高，大有代替DES算法的趋势，但由于目前快速DES芯片的大量生产等原因，DES算法还将继续使用。

其他常见的对称加密算法还有RC系列算法、CAST算法、Twofish算法等。

四、对称加密算法在网络安全中的应用

对称加密算法在网络安全中具有比较广泛的应用。但是对称加密算法的安全性完全取决于密钥的保密性，在开放的计算机通信网络中如何保管好密钥是一个严峻的问题。因此，在网络安全的应用中，通常是将DES等对称加密算法和其他的算法（如本章第四节中要介绍的公开密钥算法）结合起来使用，形成混合加密体系。在电子商务中，用于保证电子交易安全性的SSL协议的握手信息中也用到了DES算法，来保证数据的机密性和完整性。另外，UNIX系统也使用了DES算法，用于保护和处理用户口令的安全。

第四节　公开密钥算法及其应用

在对称加密算法中，使用的加密算法简单高效，密钥简短，破解起来比较困难。但是，一方面由于对称加密算法的安全性完全依赖于密钥的保密性，在公开的计算机网络上如何安全传送密钥成为一个严峻的问题。另一方面，随着用户数量的增加，密钥的数量也将急剧增加，n个用户相互之间采用对称加密算法进行通信，需要的密钥对数量为C_n^2（n取2的组合），如100个用户进行通信时就需要4 950对密钥，如何对数量如此庞大的密钥进行管理是另外一个棘手的问题。

公开密钥算法很好地解决了这两个问题，其加密密钥和解密密钥完全不同，不能通过加密密钥推算出解密密钥。之所以称为公开密钥算法，是因为其加密密钥是公开的，任何人都能通过查找相应的公开文档得到，而解密密钥是保密的，只有得到相应的解密密钥才能解密信息。在这个系统中，加密密钥也称为公开密钥（Public Key，公钥），解密密钥也称为私人密钥（Private Key，私钥）。

由于用户只需要保存好自己的私钥，而对应的公钥无需保密，需要使用公钥的用户可以通过公开的途径得到公钥，所以不存在对称加密算法中的密钥传送问题。同时，n 个用户相互之间采用公钥密钥算法进行通信，需要的密钥对数量也仅为 n，密钥的管理较对称加密算法简单得多。

一、RSA 算法及其基本思想

RSA 算法是在 1977 年由美国的 3 位教授 R. L. Rivest、A. Shamirt 和 M. Adleman 在题为“获得数字签名和公开钥密码系统的一种方法”的论文中提出的，算法的名称取自 3 位教授的名字。RSA 算法是第一个提出的公开密钥算法，是迄今为止最为完善的公开密钥算法之一。RSA 算法的这 3 位发明者也因此在 2002 年获得了计算机领域的最高奖——图灵奖。

RSA 算法的安全性基于大数分解的难度，其公钥和私钥是一对大素数的函数。从一个公钥和密文中恢复出明文的难度等价于分解两个大素数的乘积。

下面通过具体的例子说明 RSA 算法的基本思想。

首先，用户秘密地选择两个大素数，这里为了计算方便，假设这两个素数为 $p=7$，$q=17$。计算出 $n=p\times q=7\times 17=119$，将 n 公开。

用户使用欧拉函数计算出 n：

$$\Phi(n)=(p-1)\times(q-1)=6\times 16=96。$$

从 1 到 $\Phi(n)$ 之间选择一个和 $\Phi(n)$ 互素的数 e 作为公开的加密密钥（公钥），这里选择 5。

计算解密密钥 d，使得 $(d\times e)\ \mathrm{mod}\Phi(n)=1$，这里可以得到 d 为 77。

将 $p=7$ 和 $q=17$ 丢弃；将 $n=119$ 和 $e=5$ 公开，作为公钥；将 $d=77$ 保密，作为私钥。这样就可以使用公钥对发送的信息进行加密，接收者如果拥有私钥，就可以对信息进行解密了。

例如，要发送的信息为 $s=19$，那么可以通过如下计算得到密文：

$$c=s^e\ \mathrm{mod}\ (n)=19^5\ \mathrm{mod}\ (119)=66$$

将密文 66 发送给接收端，接收者在接收到密文信息后，可以使用私钥恢复出明文：

$$s=c^d\bmod(n)=66^{77}\bmod(119)=19$$

例子中选择的两个素数 p 和 q 只是作为示例，并不大，但是可以看到，从 p 和 q 计算 n 的过程非常简单，而从 $n=119$ 找出 $p=7$、$q=17$ 不太容易。在实际应用中，p 和 q 将是非常大的素数（上百位的十进制数），那样，通过 n 找出 p 和 q 的难度将非常大，甚至接近不可能。所以这种大数分解素数的运算是一种“单向”运算，单向运算的安全性就决定了 RSA 算法的安全性。

下面可以通过一个小工具 RSA-Tool 演示上面所说的过程。

如图 4-2 所示，选择好密钥长度（Keysize）和进制（Number Base），并确定 P、Q 和公钥 E（Public Exponent）的值后，单击 Calc. D 按钮，则可算出私钥 D 的值。

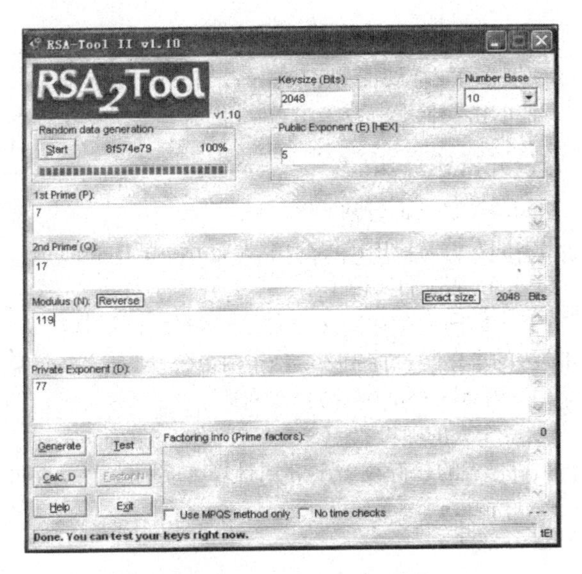

图 4-2 RSA-Tool 工具

RSA-Tool 这个工具的基本功能还包括生成一组 RSA 密钥对、明文和密文的相互变换、分解一个数等。

二、RSA 算法的安全性分析

如上所述，RSA 算法的安全性取决于从 n 中分解出 p 和 q 的困难程度。因此，如果能找出有效的因数分解的方法，将是对 RSA 算法的一个锐利的“矛”。密码分析学家和密码编码学家一直在寻找更锐利的“矛”和更坚固的“盾”。

为了增加 RSA 算法的安全性，最实际的做法就是加大 n 的长度。假设一台计算机完成一次运算的时间需要 1μs，表 4-4 表明了分解不同长度的 n 所需要的平均时间。

表 4-4 分解 n 所需要的平均时间

n 的十进制位数	分解 n 所需要的运算次数	平均运算时间
50	$1.4\text{x}10^{10}$	3.9 小时
75	$9.0\text{x}10^{12}$	104 天
100	$2.3\text{x}10^{15}$	74 年
200	$1.2\text{x}10^{23}$	$3.8\text{x}10^{9}$ 年
300	$1.5\text{x}10^{29}$	$4.9\text{x}10^{15}$ 年
500	$1.3\text{x}10^{39}$	$4.2\text{x}10^{23}$ 年

可见，随着 n 的位数的增加，分解 n 将变得非常困难。

随着计算机硬件水平的发展，对一个数据进行 RSA 加密的速度将越来越快，另一方面，对 n 进行因数分解的时间也将有所缩短。但总体来说，计算机硬件的迅速发展对 RSA 算法的安全性是有利的，也就是说，硬件计算能力的增强使得可以给 n 加大位数，而不至于放慢加密和解密运算的速度；而同样硬件水平的提高，却对因数分解计算的帮助没有那么大。现在商用 RSA 算法的密钥长度一般采用 2048 位。

三、其他常用的公开密钥算法

这里简单地介绍 Diffie-Hellman 算法。

在本章第一节第二小节“密码学发展的 3 个阶段”中已经介绍到，Diffie 和 Hellman 在 1976 年首次提出了公开密钥算法的概念，也正是他们实现了第一个公开密钥算法——Diffie-Hellman 算法。Diffie-Hellman 算法的安全性源于在有限域上计算离散对数比计算指数更为困难。

Diffie-Hellman 算法的思路是：首先必须公布两个公开的整数 n 和 g，其中，n 是大素数，g 是模 n 的本原元。当 Alice 和 Bob 要做秘密通信时，则执行以下步骤：

（1）Alice 秘密选取一个大的随机数 x（$x<n$），计算 $X=g^x \bmod n$，并且将 X 发送给 Bob。

（2）Bob 秘密选取一个大的随机数 y（$y<n$），计算 $Y=g^y \bmod n$，并且将 Y 发送给 Alice。

（3）Alice 计算 $k=Y^x \bmod n$。

（4）Bob 计算 $k'=X^y \bmod n$。

这里 k 和 k' 都等于 $g^{xy} \bmod n$。因此 k 就是 Alice 和 Bob 独立计算的秘密密钥。

从上面的分析可以看到，Diffie-Hellman 算法仅限于密钥交换的用途，而不能用于加密或解密，因此该算法通常称为 Diffie-Hellman 密钥交换。这种密钥交换的目的在于使两个用户安全地交换一个秘密密钥，以便用于以后的报文加密。

其他的常用公开密钥算法还有数字签名算法（Digital Signature Algorithm，DSA）、ElGamal 算法等。与 RSA 算法、ElGamal 算法不同的是，DSA 是数字签名标准（Digital Signature Standard，DSS）的一部分，只能用于数字签名，不能用于加密。如果需要加密，则必须将其他的加密算法和 DSA 联合使用。

四、公开密钥算法在网络安全中的应用

（一）混合加密体系

公开密钥算法由于解决了对称加密算法中的加密和解密密钥都需要保密的问题，在网络安全中得到了广泛的应用。

但是，以 RSA 算法为主的公开密钥算法也存在一些缺点。例如，公钥密钥算法比较复杂。在加密和解密的过程中，由于都需要进行大数的幂运算，其运算

量一般是对称加密算法的几百、几千甚至上万倍，导致了加密、解密速度比对称加密算法慢很多。因此，在网络上传送信息特别是大量的信息时，一般没有必要都采用公开密钥算法对信息进行加密，而且也不现实。一般采用的方法是混合加密体系。

在混合加密体系中，使用对称加密算法（如 DES 算法）对要发送的数据进行加、解密，同时，使用公开密钥算法（最常用的是 RSA 算法）来加密对称加密算法的密钥。这样，就可以综合发挥两种加密算法的优点，既加快了加、解密的速度，又解决了对称加密算法中密钥保存和管理的困难，是目前解决网络上信息传输安全性的一个较好的解决方法。

（二）数字签名

在计算机网络上进行通信时，不像书信或文件传送那样，可以通过亲笔签名或印章来确认身份。经常会发生这样的情况：发送方不承认自己发送过某一个文件；接收方伪造一份文件，声称是对方发送的；接收方对接收到的文件进行篡改，等等。那么，如何对网络上传送的文件进行身份验证呢？这就是数字签名所要解决的问题。

一个完善的数字签名应该解决好下面 3 个问题。

（1）接收方能够核实发送方对报文的签名，如果当事双方对签名真伪发生争议，应该能够在第三方面前通过验证签名来确认其真伪。

（2）发送方事后不能否认自己对报文的签名。

（3）除了发送方的其他任何人不能伪造签名，也不能对接收或发送的信息进行篡改、伪造。

满足上述 3 个条件的数字签名技术就可以解决对网络上传输的报文进行身份验证的问题了。

数字签名的实现采用了密码技术，其安全性取决于密码体系的安全性。现在，经常采用公钥密钥加密算法实现数字签名，特别是采用 RSA 算法。下面简单地介绍一下数字签名的实现思想。

假设发送者A要发送一个报文信息P给B，那么A采用私钥SKA对报文P进行解密运算（注意：读者可以把这里的解密只是看成一种数学运算，而不是非要经过加密运算的报文才能进行解密。这里，发送者A并非为了加密报文，而是为了实现数字签名），实现对报文的签名。然后将结果D_{SKA}（P）发送给接收者B。B在接收到D_{SKA}（P）后，采用已知A的公钥PKA对报文进行加密运算，就可以得到$P=E_{SKA}$（D_{SKA}（P）），核实签名。

对上述过程的分析如下。

（1）由于除了发送者A外没有其他人知道A的私钥SKA，所以除了A外没有人能生成D_{SKA}（P），因此，B就相信报文D_{SKA}（P）是A签名后发送出来的。

（2）如果A要否认报文P是其发送的，那么B可以将D_{SKA}（P）和报文P在第三方面前出示，第三方很容易利用已知的A的公钥PKA证实报文P确实是A发送的。

（3）如果B要将报文P篡改、伪造为Q，那么，B就无法在第三方面前出示D_{SKA}（Q），这就证明B伪造了报文P。

上述过程实现了对报文信息P的数字签名，但报文P并没有进行加密，如果其他人截获了报文D_{SKA}（P），并知道了发送者的身份，就可以通过查阅文档得到发送者的公钥PKA，因此获取报文P的内容。

为了达到加密的目的，可以采用下面的模型：在将报文D_{SKA}（P）发送出去之前，先用B的公钥PKB对报文进行加密；B在接收到报文后，先用私钥SKB对报文进行解密，然后再验证签名。这样，就可以达到加密和签名的双重效果。

目前，数字签名技术在商业活动中得到了广泛的应用，所有需要手动签名的地方，都可以使用数字签名。例如，使用电子数据交换（Electronic Data Interchange，EDI）来购物并提供服务，就使用了数字签名。再如，中国招商银行的网上银行系统，也大量地使用了数字签名来验证用户的身份。随着计算机网络和因特网在人们生活中所占的地位逐步提高，数字签名必将成为人们生活中非常重要的一部分。

第五节　数据加密技术的应用

前面已经介绍了几种常用的数字加密技术。在这一节中，将介绍数字加密技术在网络安全中的一些典型应用，包括报文鉴别技术、PGP 加密系统、SSL 和 SET 协议、PKI 技术及其运用等。

一、报文鉴别

在计算机网络安全领域中，为了防止信息在传送的过程中被非法窃听，保证信息的机密性，采用数据加密技术对信息进行加密，这是在前面学习的内容；另一方面，为了防止信息被篡改或伪造，保证信息的完整性，可以使用报文鉴别技术。

所谓报文鉴别，就是验证对象身份的过程，如验证用户身份、网址或数据串的完整性等，保证其他人不能冒名顶替。因此，报文鉴别就是信息在网络通信的过程中，通信的接收方能够验证所收到的报文的真伪的过程，包括验证发送方的身份、发送时间、报文内容等。

那么，为什么不直接采用前面所讲过的数据加密技术对所要发送的报文进行加密呢，这样不是也可以达到防止其他人篡改和伪造的目的吗？这主要是考虑计算效率的问题。因为在特定的计算机网络应用中，很多报文是不需要进行加密的，而仅仅要求报文应该是完整的、不被伪造的。例如，有关上网注意事项的报文就不需要加密，而只需要保证其完整性和不被篡改即可。如果对这样的报文也进行加密和解密，将大大增加计算的开销，是不必要的。对此，可以采用相对简单的报文鉴别算法来达到目的。

目前，经常采用报文摘要（Message Digest，也称消息摘要）算法来实现报文鉴别。下面简单地介绍报文摘要的基本原理。

（1）在发送方，将长度不定的报文 m 经过报文摘要算法（也称为 MD 算法）运算后，得到长度固定的报文 $H(m)$。$H(m)$ 称为报文摘要。

(2) 使用密钥 K 对报文 $H(m)$ 进行加密，生成报文摘要密文 $E_K(H(m))$ 并将其拼接在报文 m 上，一起发送到接收方。

(3) 在接收方，接收到报文 m 和报文摘要密文 $E_K(H(m))$ 后，将报文摘要密文解密还原为 $H(m)$。

(4) 将接收到的报文 m 经过 MD 算法运算得到报文摘要，并将该报文摘要和 $H(m)$ 比较，判断两者是否相同，从而判断接收到的报文是否是发送端发送的。

这样，只对长度较短的报文摘要 $H(m)$ 进行加密，而不是对整个报文 m 进行加密，提高了计算的效率，却达到了同样的效果。

为了实现报文鉴别的不可篡改、不可伪造的目的，MD 算法必须满足下面的几个条件。

(1) 给定一个报文 m，计算其报文摘要 $H(m)$ 是非常容易的。

(2) 给定一个报文摘要值 y，想得到一个报文 x，使 $H(x)=y$ 是很难的，或者即使能够得到结果，所付出的代价相对其获得的利益是很高的。也即报文摘要算法是单向、不可逆的。

(3) 给定 m，想找到另外一个 m'，使 $H(m)=H(m')$ 是很难的。

这样，就保证了攻击者无法伪造另外一个报文 m'，使得 $H(m)=H(m')$，从而达到了报文鉴别的目的。

报文和报文摘要的关系就如同一个人和他的一根头发的关系。通过头发（相当于“报文摘要”）能够判断是属于哪个人（相当于“报文”）的，但是通过头发不能还原出一个人的全部。

目前，报文摘要一般是采用单向散列函数（Hash Function，也称为哈希函数）来实现的，常用的单向散列函数算法有 MD5 算法、SHA 算法等。

通常用“摔盘子”的过程来比喻单向散列函数的单向不可逆的运算过程：把一个完整的盘子摔烂是很容易的，这就好比通过报文 m 计算报文摘要 $H(m)$ 的过程；而想通过盘子碎片还原出一个完整的盘子是很困难甚至不可能的，这就好比想通过报文摘要 $H(m)$ 找出报文 m 的过程。

（一）MD5 算法及其演示实验

MD5 算法是在 20 世纪 90 年代初由 MIT Laboratory for Computer Science 和 RSA Data Security Inc 的 Ronald L. Rivest 开发出来，经 MD2、MD3 和 MD4 发展而来，提供了一种单向的哈希函数。MD5 算法是以一个任意长度的信息作为输入，输出一个 128 位的报文摘要信息。MD5 算法是对需要进行报文摘要的信息按 512 位分块处理的。首先对输入信息进行填充，使信息的长度等于 512 的倍数；然后对信息依次进行处理，每次处理 512 位。每次进行 4 轮，每轮 16 步，总共 64 步的信息变换处理，每次输出结果为 128 位，然后把前一次的输出结果作为后一次信息变换的输入，最后得到一个 128 位的哈希摘要结果。

MD5 的安全性弱点在于其压缩函数的冲突已经被找到。1995 年有论文指出，花费 100 万美元，设计寻找冲突的特制硬件设备，平均在 24 天内可以找出 1 个 MD5 的冲突（即找到两个不同的报文以产生同样的报文摘要）。但是，对于一个给定的报文摘要，要找到另外一个报文产生同样的报文摘要是不可行的。目前，MD5 算法仍被认为是最安全的哈希算法之一，已经在很多应用领域中当成了标准使用，如在很多电子邮件应用程序中都用到了 MD5 算法。

MD5 算法也是应对特洛伊木马程序的一个有效的工具。通过计算每个文件的数字签名，就可以检查文件是否被感染，或者是否被替换。

（二）SHA（Secure Hash Algorithm）

SHA 是 1992 年由美国国家安全局（National Security Agency，NSA）研制并提供给美国国家标准和技术研究所（National Institute of Standards and Technology，NIST）的。原始的版本通常称为 SHA 或者 SHA-0，1993 年公布为联邦信息处理标准 FIPS 180。后来 NSA 公开了 SHA 的一个弱点，导致 1995 年出现了一个修正的标准文件 FIPS 180-1。这个文件描述了经过改进的版本，即 SHA-1，现在是 NIST 的推荐算法。

SHA-1 算法对长度不超过 2^{64} 的报文产生一个 160 位的报文摘要。与 MD5 算法一样，也是对需要进行报文摘要的信息按 512 位分块处理的。当接收到报文的时候，这个报文摘要可以用来验证数据的完整性。在传输的过程中，数据很可能会发生变化，这时候就会产生不同的报文摘要。

SHA-1 算法的安全性比 MD5 算法高，经过加密专家多年来的发展和改进已日益完善，现在已成为公认的最安全的散列算法之一，并被广泛使用。

SHA 家族除了 SHA-1 算法之外，还有 SHA-224、SHA-256、SHA-384 和 SHA-512 等 4 个算法。这四者有时并称为 SHA-2，其安全性较高，至今尚未出现对 SHA-2 有效的攻击。

（三）报文鉴别技术的实际应用

报文鉴别技术在实际中应用广泛。在 Windows 操作系统中，就使用了报文鉴别技术来产生每个账户密码的 Hash 值。同样，在银行、证券等很多安全性较好的系统中，用户设置的密码信息也是转换为 Hash 值之后再保存到系统中的。由于上面所讲的 Hash 值的第 3 个特点，这样的设计保证了用户只有输入原先设置的正确密码，才能通过 Hash 值的比较验证，从而正常登录系统。同时，这样的设计也保证了密码信息的安全性，如果黑客得到了系统后台的数据库文件，从中最多也只能看到用户密码信息的 Hash 值，而无法还原出原来的密码。

另外，在实际应用中，由于直接对大文档进行数字签名很费时，所以通常采用先对大文档生成报文摘要，再对报文摘要进行数字签名的方法。而后，发送者将原始文档和签名后的文档一起发送给接收者。接收者用发送者的公钥破解出报文摘要，再将其与自己通过收到的原始文档计算出来的报文摘要相比较，从而验证文档的完整性。如果发送的信息需要保密，可以使用对称加密算法对要发送的“报文摘要+原始文档”进行加密。具体的过程可以参考 PGP 系统的基本工作原理。

二、PGP 加密系统

（一）PGP 系统的基本工作原理

PGP（Pretty Good Privacy）加密软件是由美国人 Phil Zimmermann 发布的一个基于 RSA 公开密钥加密体系和对称加密体系相结合的邮件加密软件包。它不仅可以对邮件加密，还具备对文件/文件夹、虚拟驱动器、整个硬盘、网络硬盘、即时通信等的加密功能和永久粉碎资料等功能。该软件的功能主要有两方面：一方面，PGP 可以对所发送的邮件进行加密，以防止非授权用户阅读，保证信息的机密性（Privacy）；另一方面，PGP 还能对所发送的邮件进行数字签名，从而使接收者确认邮件的发送者，并确信邮件没有被篡改或伪造，也就是信息的认证性（Authentication）。

PGP 是目前世界上最流行的加密软件，其源代码是公开的，经受住了成千上万顶尖黑客的破解挑战，事实证明是目前世界上最优秀、最安全的加密软件。PGP 功能强大，而且速度快，在企事业单位中有着很广泛的用途，尤其在商务应用上，全球百大企业中 80%使用它处理内部人员计算机及外部商业伙伴的机密数据往来。

在密钥管理方面，PGP 让用户可以安全地和从未见过的人们通信，事先并不需要通过任何保密的渠道来传递密钥。PGP 系统采用了审慎的密钥管理，这是一种公开密钥加密和对称加密的混合算法，用于数字签名的邮件文摘算法、加密前压缩等，还有一个良好的人机工程设计。

在 PGP 系统中，并没有引入新的算法，只是将现有的一些被全世界密码学专家公认安全、可信赖的几种基本密码算法（如 IDEA、AES、RSA、DH、SHA 等）组合在一起，把公开密钥加密体系的安全性和对称加密体系的高速性结合起来，并且在数字签名和密钥认证管理机制上有巧妙的设计。下面结合前面所学过的知识，简单地介绍 PGP 系统的工作原理。

假设用户 A 要发送一个邮件 P 给用户 B，要用 PGP 软件加密。首先，除了知道自己的私钥（SKA、SKB）外，发送方和接收方必须获得彼此的公钥PKA、PKB。

在发送方，邮件P通过SHA算法运算生成一个固定长度的邮件摘要（Message Digest），A使用自己的私钥SKA、采用RSA算法对这个邮件摘要进行数字签名，得到邮件摘要密文H。这个密文使接收方可以确认该邮件的来源。邮件P和H拼接在一起产生报文P1。该报文经过ZIP压缩后，得到P1.Z。接着，对报文P1.Z使用对称加密算法AES进行加密。加密的密钥是随机产生的一次性的临时加密密钥，即128位的K，这个密钥在PGP中称为“会话密钥”，是根据一些随机因素（如文件的大小、用户敲键盘的时间间隔）生成的。此外，该密钥K必须通过RSA算法、使用B的公钥PKB进行加密，以确保消息只能被B的相应私钥解密。这种对称加密和公开密钥加密相结合的混合加密体系，共同保证了信息的机密性。加密后的密钥K和加密后的报文P1.Z拼接在一起，用BASE 64进行编码，编码的目的是得出ASCII文本，再通过网络发送给对方。

接收端解密的过程刚好和发送端相反。用户B收到加密的邮件后，首先使用BASE 64解码，并用其RSA算法和自己的私钥SKB解出用于对称加密的密钥K，然后用该密钥恢复出P1.Z。接着，对P1.Z进行解压后还原出P1，在P1中分解出明文P和签名后的邮件摘要，并用A的公钥PKA验证A对邮件摘要的签名。最后，比较该邮件摘要和B自己计算出来的邮件摘要是否一致。如果一致，则可以证明P在传输过程中的完整性。

从上面的分析可以看到，PGP系统实际上是用一个随机生成的“会话密钥”（每次加密不同）、用AES算法对明文进行加密，然后用RSA算法对该密钥加密。这样接收方同样是用RSA算法解密出这个“会话密钥”，再用AES算法解密邮件本身。这样的混合加密就做到了既有公开加密体系的机密性，又有对称加密算法的快捷性。这是PGP系统创意的一个方面。

PGP创意的另一方面体现在密钥管理上。一个成熟的加密体系必然要有一个成熟的密钥管理机制配套。公钥体制的提出就是为了解决对称加密体系的密钥难保密的缺点。网络上的黑客们常用的手段是“监听”，如果密钥是通过网络直接传送的，那么黑客就很容易获得这个密钥。对 PGP 来说，公钥本来就要公开，不存在防监听的问题。但公钥的发布中仍然存在安全性问题，如公钥被篡改的问题。这可能是公钥密码体系中最大的漏洞，必须确信所拿到的公钥属于公钥的设置者。为了把这个问题表达清楚，可以通过一个例子来说明，然后介绍正确地用 PGP 弥补这个漏洞的方法。

以与 Alice 的通信为例，假设想给 Alice 发一封信，那么必须有 Alice 的公钥，用户从 BBS 上下载 Alice 的公钥，并用其加密信件，用 BBS 的 E-mail 功能发给 Alice。不幸的是，用户和 Alice 都不知道，另一个叫 Charlie 的用户潜入 BBS，把他自己用 Alice 的名字生成的密钥对中的公钥替换了 Alice 的公钥。那么，用户发信的公钥就不是 Alice 的，而是 Charlie 的，一切看来都很正常，因为用户拿到的公钥的用户名是“Alice”。于是 Charlie 就可以用手中的私钥来解密发给 Alice 的信，甚至还可以用 Alice 真正的公钥来转发用户给 Alice 的信，这样谁都不会起疑心，如果想改动给 Alice 的信也没有问题。更有甚者，他还可以伪造 Alice 的签名给其他人发信，因为用户手中的公钥是伪造的，所以会以为真是 Alice 的来信。

防止这种情况出现的最好办法是避免让任何其他人有机会篡改公钥，例如，直接从 Alice 手中得到她的公钥，然而当她在千里之外或无法见到时，这是很困难的。PGP 发展了一种“公钥介绍机制”来解决这个问题。举例来说：如果用户和 Alice 有一个共同的朋友 David，而 David 知道他手中的 Alice 的公钥是正确的，这样 David 可以用他自己的私钥在 Alice 的公钥上签名，表示他担保这个公钥属于 Alice。当然用户需要用 David 的公钥来校验他给自己的 Alice 的公钥，同样 David 也可以向 Alice 认证用户的公钥，这样 David 就成为自己和 Alice 之间的“介绍人”。这样 Alice 或 David 就可以放心地把 David 签过字的 Alice 的公钥上载到 BBS 上，没有人可能去篡改信息而不被用户发现，BBS 的管理员也一样。这就是从公共渠道传递公钥的安全手段。

当然，要得到 David 的公钥时也存在同样的问题，有可能拿到的 David 的公钥也是假的。这就要求这个捣蛋者参与整个过程，他必须对 3 个人都很熟悉，还要策划很久。这一般不可能。当然，PGP 对这种可能也有预防的建议，那就是到一个大家普遍认同的人或权威机构那里得到公钥。

公钥的安全性问题是PGP安全的核心。另外，与对称加密体系一样，私钥的保密也是决定性的。相对公钥而言，私钥不存在被篡改的问题，但存在泄露的问题。PGP中的私钥是很长的一个数字，用户不可能将其记住，PGP的办法是让用户为随机生成的私钥指定一个口令（Pass Phrase）。只有通过给出口令才能将私钥释放出来使用，用口令加密私钥的保密程度和PGP本身是一样的。因此，私钥的安全性问题实际上首先是对用户口令的保密，最好不要将用户口令写在纸上或者保存到某个文件中。

最后介绍一下PGP中加密前的ZIP压缩处理。PGP内核使用PKZIP算法来压缩加密前的明文。一方面，对电子邮件而言，压缩后加密再经过7位编码后，密文有可能比明文更短，节省了网络传输的时间。另一方面，明文经过压缩，实际上相当于经过一次变换，信息变得更加杂乱无章，对明文攻击的抵御能力更强。PGP中使用的PKZIP算法是一个公认的压缩率和压缩速度都相当好的压缩算法。

（二）PGP软件包的安装

使用PGP加密软件包对文件/文件夹、邮件、虚拟磁盘驱动器、整个硬盘、网络磁盘等进行加密，其加密安全性比常用的WinZIP、Word、ARJ、Excel等软件的加密功能要高很多。PGP软件有服务器版、桌面版、网络版等多个版本，每个版本具有的功能和应用场合有所不同，但基本的功能是一样的。

（三）PGP密钥的生成和管理

1. 密钥对的生成

使用PGP之前，首先需要生成一对密钥。这一对密钥是同时生成的，其中一个是公钥，公开给其他人使用，让他们用这个密钥来加密文件；另一个是私钥，这个密钥由自己保存，是用来解开加密文件的。

PGP Desktop在安装过程中提供了生成密钥对的向导，也可以在PGP Desktop

界面中选中菜单【File】→【New PGP Key…】命令生成新的密钥对。具体的操作步骤如下。

(1) PGP要求输入全名和邮件地址。虽然真实的姓名不是必需的，但是输入一个其他人看得懂的名字，会使他们在加密时很快找到想要的密钥。

(2) 为私钥设定一个口令，要求口令大于8位，并且不能全部为字母。为了方便记忆，可以用一句话作为口令，如“I am thirth years old”等。PGP甚至支持用中文作为口令。边上的【Show Keystrokes】指示是否显示输入的密码。

(3) 生成密钥对。

在PGP Desktop界面的【PGP Keys】页面中双击某一密钥，可以弹出密钥属性对话框，在其中可以看到该密钥的ID号、加密算法、Hash算法、密钥长度、信任状态等参数，用户可以对其中的一些参数（例如Hash算法、对称加密算法、信任状态等）进行调整。

2. 密钥的导出和导入

生成密钥对以后，就可以将自己的公钥导出并分发给其他人。用鼠标右键单击要导出的密钥，在弹出的快捷菜单中选择【Export…】命令，或者选中菜单【File】→【Export】→【Key…】命令，将自己的密钥导出扩展名为“.asc”的文件，并将该文件分发给其他人。对方则可以用菜单【File】→【Import…】命令，或者直接将该文件拖入PGP Desktop界面的【PGP Keys】页面中，以导入该密钥。

如果选中 Include Private Key(s) 复选项，表示将私钥也一并导出来，如果只需将公钥导出并发送给别人，注意不要选中该复选项。该复选项适用于将自己的PGP密钥导出并转移到另外一台计算机的情况。

3. 密钥的管理

导入其他人的公钥后，显示为“无效的”并且是“不可信任”的，表示这个新导入的公钥还没有得到用户的认可。

如果用户确信这个公钥是正确的（没有被第三者伪造或篡改），可以通过对其进行签名来使之获得信任关系，方法如下。

（1）用鼠标右键单击新导入的公钥，在弹出的快捷菜单中选择【Sign…】命令，打开【PGP Sign Key】对话框。

（2）在【PGP Sign Key】对话框中，选中要签名的公钥，并选中复选项（如果允许导出签名后的公钥的话），然后单击【OK】按钮。

（3）选择签名时使用的私钥，并输入口令，即可对导入的公钥进行签名。此时，在PGP Desktop界面的【PGP Keys】页面中，该公钥变成“有效的”，在【Validity】栏出现一个绿色的图标。该公钥还是“不可信任”，还需要对其赋予完全信任关系。

（4）用鼠标右键单击该公钥，在弹出的快捷菜单中选择【Key Properties…】命令，打开密钥属性对话框。

（5）在打开的密钥属性对话框中，将表示信任状态改成“Trusted”，表示为该公钥赋予完全信任关系。

执行上述操作以后，新导入的公钥就变成“有效的”，并且是“可信任”的，在【Trust】栏看到一个实心栏。

可以看到新导入公钥的状态变化。如果不进行上述操作，也就是不对新导入的公钥进行签名并赋予完全信任关系，那么在收到对方签名的邮件时，验证签名后会发现在签名状态中出现“Invalid”提示。

（四）文件/文件夹的加密和签名

1. 加密和签名

使用PGP对文件/文件夹进行加密和签名的过程非常简单。如果对方也安装了PGP，则可以使用密钥对文件/文件夹进行加密并发送给对方。具体步骤如下。

（1）用鼠标右键单击该文件/文件夹，在弹出的快捷菜单中选择【PGP Desktop】→【Secure with key…】命令，弹出的对话框，在其中选择合作伙伴的公钥，单击【下一步】按钮，可以同时选择多个合作伙伴的公钥进行加密。此时，拥有任何一个公钥所对应的私钥都可以解密这些文件/文件夹。

（2）在对话框中，可以选择在加密的同时对文件/文件夹进行签名。此时，需要输入自己私钥的口令。如果不需要进行签名，可以在下拉菜单中选择【none】命令。

在加密的同时，PGP 对文件进行了 ZIP 压缩，生成扩展名为“. pgp”的文件。

合作伙伴收到加密后的扩展名为“. pgp”的文件后，解密时只需双击该文件，或用鼠标右键单击该文件，并在弹出的快捷菜单中选择【PGP Desktop】→【Decrypt & Verify…】命令，在对话框输入启用私钥的口令即可（使用私钥进行解密）。

这里需要补充一下的是，如果你的合作伙伴没有安装 PGP，你也可以通过 PGP Desktop 提供的“Create Self-Decrypting Archive”创建自动解密的可执行文件，此时需要输入加密密码。合作伙伴只需要输入加密时使用的密码，就可以解密文件/文件夹了。

2. 单签名

如果只需要对文件进行签名而不需要加密，可以用鼠标右键单击该文件/文件夹，在弹出的快捷菜单中选择【PGP Desktop】→【Sign as…】命令，并在弹出的对话框中输入私钥的口令即可。

合作伙伴通过公钥进行签名验证。如果签名文件在传送过程中被第三方伪造或篡改，则签名验证将不成功。

如果没有合作伙伴对公钥进行签名并赋予完全信任关系，那么验证签名后将会在【Validity】栏显示一个灰色的图标，表示该签名无效。

在进行上述签名和验证的实验时，需要特别注意的是：将签名后的“. sig”文件传送给合作伙伴的同时，必须将原始文件也传送给他，否则签名验证将无法完成。这是因为 PGP 在签名时是对原始文件的消息摘要进行签名，这样合作伙伴通过对“. sig”文件进行签名验证，得到的是一个消息摘要，还要和从原始文件（这个原始文件就必须由本人传送给他了）算出的另一个摘要进行比较。如果这两个摘要一样，就证明了文件在传输过程中没有被第三方伪造或篡改。这就保证了文件的完整性。

（五）邮件的加密、签名和解密、验证签名

1. 加密和签名

使用 PGP 对邮件内容（即文本）进行加密、签名的操作原理和对文件/文件夹的加密、签名是一样的，都是选择对方的公钥进行加密，而用自己的私钥进行签名，对方收到后使用自己的私钥进行解密，而使用对方的公钥进行签名验证。

在具体的实验操作上，需要将要加密、签名的邮件内容复制到剪贴板上，然后选择 Windows 操作系统右下角 PGP 图标中的【Clipboard】→【Encrypt & Sign…】命令。

在随后出现的对话框中，和上述对文件/文件夹的操作一样，选择对方的公钥进行加密，用自己的私钥进行签名。PGP 动作完成后，会将加密和签名的结果自动更新到剪贴板中。

此时回到邮件编辑状态，只需要将剪贴板的内容粘贴过来，就会得到加密和签名后的邮件。

2. 解密和验证签名

对方收到加密和签名的邮件后，也同样先将邮件内容复制到剪贴板中，然后选择 Windows 操作系统右下角 PGP 图标中的【Clipboard】→【Decrypt & Verify…】命令，完成解密和验证签名。

解密和验证签名完成后，PGP 会自动出现【Text Viewer】窗口以显示结果。可以通过 Copy to Clipboard 按钮将结果复制到剪贴板中，再粘贴到需要的地方。

（六）使用 PGP 加密磁盘

PGP Desktop 系统不仅可以对文件/文件夹、邮件进行加密，还可以对磁盘进行加密。PGP Desktop 磁盘加密功能包括虚拟磁盘驱动器加密、整个硬盘加密、网络磁盘加密等不同的类型。下面重点介绍虚拟磁盘驱动器的加密功能。

虚拟磁盘驱动器加密是通过硬盘上的一个“. pgd”文件来虚拟一个磁盘驱动器，将需要保密的数据放在该虚拟磁盘驱动器中。这样即使数据硬盘被偷走，对虚拟磁盘驱动器中的文件解密也存在很大的难度，从而保证了数据的机密性。

1. 创建并加载加密虚拟磁盘驱动器的步骤

（1）在 PGP Desktop 界面的【PGP Disk】页面中，选择【New Virtual Disk】功能，启动虚拟磁盘驱动器创建界面。

（2）在图 4-3 所示的界面设置虚拟磁盘驱动器的名称、磁盘文件位置、盘符、自动卸载时间、容量、文件系统格式、加密方式、加密公钥等各个参数，并按 Create 按钮生成加密虚拟磁盘驱动器。

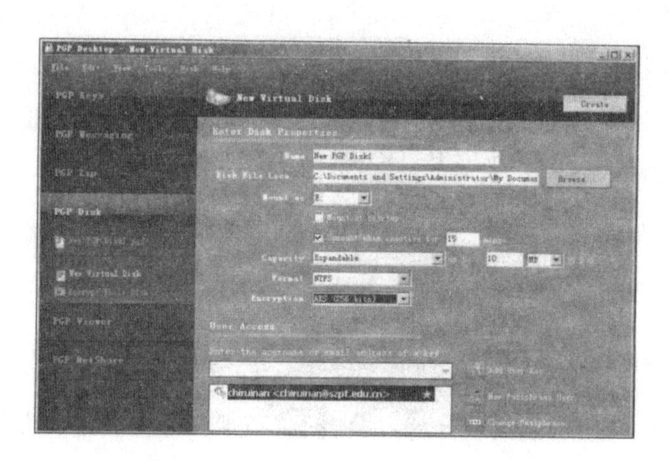

图 4-3　在 Text Viewer 窗口中显示结果

（3）第一次生成的加密虚拟磁盘驱动器会自动加载。如果选择公钥加密，加载时会要求输入加密私钥的口令。加载后的加密磁盘驱动器。以后，用户就可以把需要保密的数据放在该磁盘驱动器中，操作方法与对普通磁盘驱动器的操作是一样的。

2. 卸载加密虚拟磁盘驱动器

如果暂时不需要对加密虚拟磁盘驱动器中的数据进行操作，建议对加密磁盘驱动器进行卸载操作。可以通过用鼠标右键单击加密磁盘驱动器，在弹出的快捷菜单中选择【PGP Desktop】→【Unmount Disk】命令来完成。默认情况下，如果超过15分钟不对加密磁盘驱动器进行操作，PGP系统将自动对其进行卸载。

除了虚拟磁盘驱动器加密之外，最新版本的PGP Desktop软件包还提供了整个硬盘加密、网络磁盘加密等磁盘加密功能。

PGP硬盘加密是将所有扇区都乱码化（加密），必须经过另一道验证手续才能还原。如果是整个硬盘加密，在开机时会要求另外输入密码（或插入USB Tocken），如果是外接硬盘或硬盘分区加密，则可使用PGP私钥还原。

网络磁盘加密（PGP Net Share）是一个容易使用的加密工具，加密网络磁盘就如同加密本机磁盘一样，首先选择共享文件夹路径，再选择允许解密这文件夹的使用者公钥，然后选择是否要签名（证明这事是你做的），PGP就将你所选择的文件夹加密，只有被授权的使用者（拥有被选定的公钥对应的私钥者）才能看到里面的内容。

（七）使用PGP彻底删除资料

我们知道，在Windows系统中删除一个文件，并没有把该文件从硬盘上彻底删除，只是在磁盘上该文件对应的区块上做了一个标记而已，文件内容并没有被清除。如果使用Easy Recovery、Final Data、Disk Genius这样的工具是可以将文件还原回来的。从信息安全的角度考虑，这样的删除显然是不彻底、不安全的。

PGP提供了彻底删除资料的功能——PGP Shredder。使用PGP Shredder很方便，只要将要删除的文件/文件夹拖放到桌面的PGP Shredder图标，或是直接在该文件/文件夹上用鼠标右键单击，在弹出的快捷菜单中选择【PGP Desktop】→【PGP Shred…】命令来完成即可。

三、SSL协议和SET协议

在电子商务发展中，最重要的问题是如何在开放的公开网络上保证交易的安全性，即如何构筑一个安全的交易模型的问题。一个安全的电子交易模型应该包括5个方面的内容：数据保密、对象认证（通信双方对各自通信对象的合法性、真实性进行确认，防止第三方假冒）、数据完整性、防抵赖性（不可否认性）、访问控制（防止非授权用户非法使用系统资源）。目前，基于这个需求，有两种安全在线支付协议被广泛采用，即SSL协议和SET协议。

（一）SSL协议

SSL（Secure Socket Layer，安全套接层）协议是网景（Netscape）公司提出的一种基于Web应用的网络安全通信协议。该协议通过在应用程序进行数据交换前交换SSL初始握手信息来实现有关安全特性的审查。在SSL协议中，使用了对称密钥算法（如DES算法）和公开密钥算法（主要是RSA算法）两种加密方式，并使用了X.509数字证书技术，保护了信息传输的机密性和完整性。SSL协议主要适用于点对点之间的信息传输，常用Web Server方式。实际上，通常所用的安全超文本传输协议就是应用了SSL协议进行信息交换的。

SSL协议的整个要领可以总结为：一个保证任何安装了安全套接层的客户机和服务器间事务安全的协议，涉及所有TCP/IP应用程序。

SSL安全协议主要提供3方面的服务。

（1）认证用户和服务器，使之能够确信数据将被发送到正确的客户机和服务器上。

（2）加密数据以隐藏被传送的数据。

（3）维护数据的完整性，确保数据在传输过程中不被改变。

SSL协议是国际上最早应用于电子商务的一种安全协议。但SSL协议运行的基础是商家对消费者信息保密的承诺，仅有商家对消费者的认证，而缺乏了消费者对商家的认证。这就有利于商家而不利于消费者。在电子商务初级阶段，由于运作电子商务的企业大多是信誉较高的大公司，因此问题还没有充分暴露出来。但随着电子商务的发展，各中小型公司也参与进来。这样在电子支付过程中的单一认证问题就越来越突出。虽然在SSL 3.0中通过数字签名和数字证书可实现浏览器和Web服务器双方的身份验证，但是SSL协议仍存在一些问题。例如，只能提供交易中客户机与服务器间的双方认证，在涉及多方的电子交易中，SSL协议并不能协调各方的安全传输和信任关系。在这种情况下，Visa和MasterCard两大信用卡组织制定了SET协议，为网上信用卡支付提供了全球性的标准。

（二）SET协议

SET（Secure Electronic Transactions，安全电子交易）协议是美国Visa和MasterCard两大信用卡组织联合国际上多家科技机构于1997年5月推出的用于电子商务的行业规范，其实质是一种应用在因特网上、以信用卡为基础的电子支付系统规范，目的是保证网络交易的安全性。SET协议主要是为了解决用户、商家和银行之间通过信用卡支付的交易而设计的，以保证支付信息的机密、支付过程的完整、商户及持卡人的合法身份及可操作性。

一个SET支付系统主要由持卡人、商家、发卡银行、收单银行、支付网关、认证中心（Certificate Authority，CA）6个部分组成。

SET协议采用公钥密码体制和X.509数字证书标准，妥善地解决了信用卡在电子商务交易中的交易协议、信息保密、资料完整及身份认证等问题，能保证信息传输的机密性、真实性、完整性和不可否认性。SET已获得IETF（The Internet Engineering Task Force，国际互联网工程任务组）标准的认可，是目前公认的信用卡/借记卡网上交易的国际安全标准。

（三）两种协议的比较

在认证要求方面，早期的SSL并没有提供商家身份认证机制，虽然在SSL 3.0中可以通过数字签名和数字证书实现浏览器和Web服务器双方的身份验证，但仍不能实现多方认证。相比之下，SET的安全要求较高，所有参与SET交易的成员（持卡人、商家、发卡银行、收单银行和支付网关）都必须申请数字证书进行身份识别。

在安全性方面，SET协议规范了整个商务活动的流程，从持卡人到商家、到支付网关、再到认证中心及信用卡结算中心之间的信息流走向，以及必须采用的加密、认证都制定了严密的标准，从而最大限度地保证了商务性、服务性、协调性和集成性。而SSL只对持卡人与商家的信息交换进行加密保护，可以看作是用于传输的那部分的技术规范。从电子商务特性来看，并不具备商务性、服务性、协调性和集成性。因此，SET 的安全性比 SSL 高。

在网络层协议位置方面，SSL 是基于传输层的通用安全协议，而 SET 位于应用层，对网络上其他各层也有涉及。

在应用领域方面，SSL 主要是和 Web 应用一起工作，而 SET 是为信用卡交易提供安全。因此，如果电子商务应用只是通过 Web 或是电子邮件，则可以不要 SET。如果电子商务应用是一个涉及多方交易的过程，则使用 SET 更安全、更通用一些。

（四）总结

SSL 协议实现简单，独立于应用层协议，大部分内置于浏览器和 Web 服务器中，在电子交易中应用便利。但 SSL 协议是一个面向连接的协议，只能提供交易中客户机与服务器间的双方认证，不能实现在多方的电子交易中。

SET 在保留对客户信用卡认证的前提下，增加了对商家身份的认证，安全性进一步提高。由于两协议所处的网络层次不同，为电子商务提供的服务也不相同，所以在实践中应根据具体情况来选择独立使用或两者混合使用，而不能简单地用 SET 协议取代 SSL 协议。

四、PKI 技术及其应用

（一）PKI 概述

PKI（Public Key Infrastructure）即“公钥基础设施”，是一种按照既定标准的密钥管理平台，能够为所有网络应用提供加密、数字签名、识别和认证等密码服务及所必需的密钥和证书管理体系。简单来说，PKI 就是利用公钥理论和技术建立的提供安全服务的基础设施。PKI 技术是信息安全技术的核心，也是电子商务的关键和基础技术。

PKI 技术是数字加密技术的一部分，广义上说，采用公开密钥技术的都可以称为 PKI 技术。一个完整的 PKI 系统必须包括权威认证机构（CA）、数字证书库、密钥备份及恢复系统、证书作废系统、应用程序接口（API）5 个基本构成部分。使用 PKI 技术的意义在于：通过 PKI 技术可以构建一个可管、可控、安全的互联网络；可以在互联网中构建一个完整的授权服务体系；可以建设一个适用性好、安全性高的统一平台。

PKI 技术的应用范围非常广泛，典型的基于 PKI 技术的常用技术包括虚拟专用网（Virtual Private Network，VPN）、安全电子邮件、Web 安全等。在本节第二小节所学习的 PGP 系统就是保障电子邮件安全的一种非常重要的手段；Web 安全的内容将在第七章详细介绍；下面主要介绍另一种典型的基于 PKI 的安全技术——虚拟专用网。

（二）虚拟专用网（VPN）

VPN 是一种架构在公共网络（如因特网）上的专业数据通信网络，利用网络层安全协议（尤其是 IPSec）和建立在 PKI 上的加密和认证技术，来保证传输数据的机密性、完整性、身份验证和不可否认性。作为大型企业网络的补充，VPN 技术通常用于实现远程安全接入和管理，目前被很多企业所广泛采用。

通常情况下，一个完整的 VPN 远程访问系统包括 3 个基本单元：VPN 服务器、客户端和数据通道。目前，除了 Windows Server 操作系统内置的 VPN 系统之外，大多数网络交换机、路由器和网络管理软件都已经集成了 VPN 功能，可以用于搭建 VPN 服务器，用户无需增加额外的投资，即可实现安全可靠的远程连接。

第五章　防火墙技术

防火墙技术是网络安全的基石，本章介绍防火墙的相关内容，包括防火墙的基本概念、分类和体系结构，在此基础上重点讲述防火墙的原理和实际应用。此外，本章还讲述防火墙的产品及其性能指标。

第一节　防火墙概述

一、防火墙的基础知识

可以说计算机网络已成为企业赖以生存的命脉，企业内部通过局域网进行管理、运行，同时要通过因特网从异地取回重要数据，以及客户、销售商、移动用户、异地员工访问内部网络。可是开放的因特网带来各种各样的威胁，因此，企业必须加筑安全的屏障，把威胁拒之于门外，把内网保护起来。对内网保护可以采取多种方式，最常用的就是防火墙。

防火墙（FireWall）是目前一种最重要的网络防护设备。人们借助了建筑上的概念，在人们建筑和使用木质结构房屋的时候，为了使“城门失火”不致“殃及池鱼”，将坚固的石块堆砌在房屋周围作为屏障，以进一步防止火灾的发生和蔓延。这种防护构筑物被称为防火墙。在现在的信息世界里，由计算机硬件或软件系统构成防火墙来保护敏感的数据不被窃取和篡改。

从专业角度讲，防火墙是设置在可信任的企业内部网和不可信任的公共网或网络安全域之间的一系列部件的组合，是建立在现代通信网络技术和信息安全技术基础上的应用性安全技术。防火墙是目前网络安全领域认可程度最高、应用范围最广的网络安全技术。

二、防火墙的功能

在逻辑上，防火墙是分离器，也是限制器，更是一个分析器，有效地监控了内部网和因特网之间的任何活动，保证了内部网络的安全。典型的防火墙具有以下 3 个方面的基本特性。

（一）内部网络和外部网络之间的所有网络数据流都必须经过防火墙

防火墙安装在信任网络（内部网络）和非信任网络（外部网络）之间，通过防火墙可以隔离非信任网络（一般指的是因特网）与信任网络（一般指的是内部局域网）的连接，同时不会妨碍人们对非信任网络的访问。

内部网络和外部网络之间的所有网络数据流都必须经过防火墙是防火墙所处网络位置的特性，同时也是一个前提。因为只有当防火墙是内、外部网络之间通信的唯一通道，才可以全面、有效地保护企业内部网络不受侵害。

防火墙的目的就是在网络连接之间建立一个安全控制点，通过允许、拒绝或重新定向经过防火墙的数据流，实现对进、出内部网络的服务和访问的审计和控制。

（二）只有符合安全策略的数据流才能通过防火墙

防火墙最基本的功能是根据企业的安全政策控制（允许、拒绝、监测）出入网络的信息流，确保网络流量的合法性，并在此前提下将网络流量快速地从一条链路转发到另外的链路上。

（三）防火墙自身具有非常强的抗攻击能力

防火墙自身具有非常强的抗攻击能力，是担当企业内部网络安全防护重任的先决条件。防火墙处于网络边缘，就像一个边界卫士一样，每时每刻都要面对黑客的入侵，这样就要求防火墙自身要具有非常强的抗击入侵本领。

简单而言，防火墙是位于一个或多个安全的内部网络和外部网络之间进行网络访问控制的网络设备。防火墙的目的是防止不期望的或未授权的用户和主机访问内部网络，确保内部网正常、安全地运行。通俗来说，防火墙决定了哪些内部服务可以被外界访问，以及哪些外部服务可以被内部人员访问。防火墙必须只允许授权的数据通过，而且防火墙本身也必须能够免于渗透。

防火墙除了具备上述 3 个基本特性外，一般来说，还具有以下几种功能。

（1）针对用户制定各种访问控制策略。

（2）对网络存取和访问进行监控审计。

（3）支持 VPN 功能。

（4）支持网络地址转换。

（5）支持的身份认证等。

三、防火墙的局限性

通常，人们认为防火墙可以保护处于其身后的网络不受外界的侵袭和干扰。但随着网络技术的发展，网络结构日趋复杂，传统防火墙在使用的过程中暴露出以下局限性。

（1）不能防范不经过防火墙的攻击。没有经过防火墙的数据，防火墙无法检查，如个别内部网络用户绕过防火墙、拨号访问等。

（2）不能解决来自内部网络的攻击和安全问题。

（3）不能防止策略配置不当或错误配置引起的安全威胁。防火墙是一个被动的安全策略执行设备，就像门卫一样，要根据政策规定来执行安全，而不能自作主张。

（4）不能防止利用标准网络协议中的缺陷进行的攻击。一旦防火墙准许某些标准网络协议，就不能防止利用该协议中的缺陷进行的攻击。

（5）不能防止利用服务器系统漏洞所进行的攻击。黑客通过防火墙准许的访问端口，对该服务器的漏洞进行攻击，防火墙不能防止。

（6）不能防止受病毒感染的文件的传输。防火墙本身并不具备查杀病毒的功能。

（7）不能防止可接触的人为或自然的破坏。防火墙是一个安全设备，但防火墙本身必须存在于一个安全的地方。

因此，认为在因特网入口处设置防火墙系统就足以保护企业网络安全的想法是不对的，也正是这些因素引起了人们对入侵检测技术的研究及开发。入侵防御系统（Intrusion Prevention System，IPS）可以弥补防火墙的不足，为网络提供实时的监控，并且在发现入侵的初期采取相应的防护手段。IPS 系统作为必要的附加手段，已经为大多数组织机构的安全构架所接受。

第二节　防火墙分类

目前，市场上的防火墙产品非常多，划分的标准很多。大致上，从不同的角度分类如下。

（1）按性能分类：百兆防火墙、千兆防火墙和万兆防火墙。

（2）按形式分类：软件防火墙和硬件防火墙。

（3）按被保护对象分类：单机防火墙和网络防火墙。

（4）按体系结构分类：双宿主主机、被屏蔽主机、被屏蔽子网体系结构。

（5）按技术分类：包过滤防火墙、应用代理型防火墙、状态检测防火墙、复合型防火墙和下一代防火墙。

（6）按 CPU 架构分类：通用 CPU、NP（Network Processor，网络处理器）、ASIC（Application Specific Integrated Circuit，专用集成电路）和多核架构的防火墙。

一、软件防火墙和硬件防火墙

软件防火墙运行于特定的计算机上，需要客户预先安装好的计算机操作系统的支持。一般来说，这台计算机就是整个网络的网关。软件防火墙像其他软件产品一样，需要先在计算机上安装并做好配置才可以使用。防火墙厂商中做网络版软件防火墙最出名的莫过于 Check point。使用这类防火墙，需要网络管理员对所工作的操作系统平台比较熟悉。

硬件防火墙一般是通过网线连接于外部网络接口与内部服务器或企业网络之间的设备。这里又另外划分出两种结构，一种是普通硬件级防火墙，另一种是所谓的“芯片”级硬件防火墙。

普通硬件级防火墙大多基于 PC 架构，就是说，与普通的家庭使用的 PC 没有太大区别。在这些 PC 架构计算机上运行一些经过裁剪和简化的操作系统，最常用的有老版本的 UNIX、Linux 和 FreeBSD 系统。这种防火墙措施相当于专门使用一台计算机安装软件防火墙，除了不需要处理其他事务以外，还是一般的操作系统。此类防火墙采用的依然是其他人的内核，因此依然会受到 OS（Operating System，操作系统）本身的安全性影响。

“芯片”级硬件防火墙基于专门的硬件平台，使用专用的操作系统。因此，防火墙本身的漏洞比较少，在上面搭建的软件也是专门开发的，专有的 ASIC 芯片使其比其他种类的防火墙速度更快，处理能力更强，性能更高。这类防火墙最出名的厂商有 NetScreen、FortiNet、Cisco 等。

软件防火墙成本比较低，硬件防火墙成本高，购进一台 PC 架构防火墙的成本至少要几千元，高档次的“芯片”级硬件防火墙方案更是在 10 万元以上。

二、单机防火墙和网络防火墙

单机防火墙通常采用软件方式，将软件安装在各个单独的计算机上，通过对单机的访问控制进行配置来达到保护某单机的目的。该类防火墙功能单一，利用网络协议，按照通信协议来维护主机，对主机的访问进行控制和防护。

网络防火墙采用软件方式或者硬件方式，通常安装在内部网络和外部网络之间，用来维护整个系统的网络安全。管理该类型防火墙通常是公司的网络管理员。这部分人员相对技术水平比较高，对网络、网络安全的认识及公司的整体安全策略的认识都比较高。通过对网络防火墙的配置能够使整个系统运行在一个相对较高的安全层次。同时，也能够使防火墙功能得到尽可能的发挥，制定比较全面的安全策略。网络防火墙功能全面，如可以实现 NAT 地址转换、IP+MAC 地址捆绑、动态包过滤、入侵检测、状态监控、代理服务等复杂的功能，而这些功能很多是内部网络系统需要的。这些功能的全面实施更加有利于维护内部网络的安全，将整个内部系统置于防火墙安全策略之下。

单机防火墙是网络防火墙一个有益的补充，但是并不能代替网络防火墙提供的强大的保护内部网络的功能。网络防火墙是从全局出发，对内部网络系统进行维护。

三、防火墙的体系结构

通常，防火墙是一组硬件设备，包括路由器、主计算机，或者是路由器、计算机和配有适当软件的网络设备的多种组合。

由于网络结构多种多样，各站点的安全要求也不尽相同，目前还没有一种统一的防火墙设计标准。防火墙的体系结构也有很多种，在设计过程中应该根据实际情况进行考虑。下面介绍几种主要的防火墙体系结构。

（一）双宿主主机体系结构

首先介绍堡垒主机（Bastion Host）。堡垒主机是一种配置了安全防范措施的网络上的计算机，其为网络之间的通信提供了一个阻塞点。如果没有堡垒主机，网络之间将不能相互访问。

双宿主主机体系结构。双宿主主机位于内部网和因特网之间，一般来说，是用一台装有两块网卡的堡垒主机做防火墙。这两块网卡各自与受保护网和外部网相连，分别属于内外两个不同的网段。

堡垒主机上运行着防火墙软件，可以转发应用程序，提供服务等。双宿主机网关中的堡垒主机的系统软件虽然可用于维护系统日志，但弱点也比较突出，一旦黑客侵入堡垒主机，并使其只具有路由功能，任何网上用户均可以随便访问内部网。双宿主主机这种体系结构非常简单，一般通过 Proxy（代理）来实现，或者通过用户直接登录到该主机来提供服务。

（二）被屏蔽主机体系结构

屏蔽主机防火墙易于实现，由一个堡垒主机屏蔽路由器组成，堡垒主机被安排在内部局域网中，同时在内部网和外部网之间配备了屏蔽路由器。在这种体系结构中，通常在路由器上设立过滤规则，外部网络必须通过堡垒主机才能访问内部网络中的资源，并使这个堡垒主机成为从外部网络唯一可直接到达的主机，对内部网的基本控制策略由安装在堡垒主机上的软件决定。这确保了内部网络不受未被授权的外部用户的攻击。

内部网络中的计算机则可以通过堡垒主机或者屏蔽路由器访问外部网络中的某些资源，即在屏蔽路由器上应设置数据报过滤原则。

（1）内部网络中的计算机的网关指向屏蔽路由器，并在路由器中设置了过滤规则，允许除堡垒主机外的其他主机与外部网络连接，这些连接只是相对于某些服务的。

（2）屏蔽路由器不允许来自内部主机的所有连接，即其他主机只能通过堡垒主机使用代理服务。

屏蔽主机防火墙实现了网络层和应用层的安全，因而比单独的包过滤或应用网关代理更安全。在这一方式下，屏蔽路由器是否配置正确是这种防火墙安全与否的关键。如果堡垒主机被攻破或路由表遭到破坏，堡垒主机就可能被越过，与其他主机在同一个子网，使内部网络完全暴露。因此，堡垒主机必须是高度安全的计算机系统，并且保护好屏蔽路由器的路由表。

（三）被屏蔽子网体系结构

屏蔽子网防火墙由一个防火墙和内外两个路由器构成屏蔽子网。与被屏蔽主机体系结构相比，被屏蔽子网体系结构添加了周边网络，在外部网络与内部网络之间加上了额外的安全层。

在实际的运用中，某些主机需要对外提供服务，为了更好地提供服务，同时又要有效地保护内部网络的安全，将这些需要对外开放的主机与内部的众多网络设备分隔开来，根据不同的需要，有针对性地采取相应的隔离措施。这样便能在对外提供友好的服务的同时，最大限度地保护内部网络。针对不同资源提供不同安全级别的保护，这样就构建一个 DMZ（Demilitarized Zone）区域，中文名称为“隔离区”，或者“非军事化区”。在这种体系结构中，可以看到防火墙连接一个 DMZ 区。

在 DMZ 区域中通常包括堡垒主机、Modem 池及所有的公共服务器，如企业 Web 服务器、FTP 服务器和论坛等。DMZ 可以为主机环境提供网络级的保护，能减少为不信任客户提供服务而引发的危险，是放置公共信息的最佳位置。这样一个 DMZ 区域可更加有效地保护内部网络。

规划一个拥有 DMZ 的网络时，可以明确各个网络之间的访问关系，确定 DMZ 网络中以下访问控制策略。

（1）内部网络可以访问外部网络，在这一策略中，防火墙需要进行源地址转换，以达到隐蔽真实地址、控制访问的功能。

（2）内部网络可以访问 DMZ，方便用户使用和管理 DMZ 中的服务器。

（3）外部网络不能访问内部网络。

（4）外部网络可以访问 DMZ 中的服务器，同时需要由防火墙完成对外地址到服务器实际地址的转换。

（5）DMZ 不能访问内部网络。

（6）DMZ 不能访问外部网络。此条策略也有例外，例如，DMZ 中放置邮件服务器时，就需要访问外部网络，否则将不能正常工作。

在屏蔽子网防火墙方案中，由防火墙和内部的路由器构成屏蔽子网，通过这一子网把因特网与内部网络分离。外部路由器抵挡外部网络的攻击，防火墙管理 DMZ 和内部网络。而局域网内部，对因特网的访问则由防火墙和位于 DMZ 的堡垒主机控制。在这样的结构里，一个黑客必须通过 3 个独立的区域（屏蔽路由器、防火墙和堡垒主机）才能够到达局域网。即使堡垒主机被入侵者控制，内部网仍受到内部包过滤路由器的保护，而且可以设置多个堡垒主机运行各种代理服务，以更有效地提供服务。这样的结构使黑客攻击难度大大加强，相应内部网络的安全性也就大大加强，但成本也是最高的。

四、防火墙技术分类

防火墙技术的发展大致分为 5 个阶段。

（一）包过滤防火墙

第一代防火墙技术几乎与路由器同时出现，采用了包过滤（Packet Filter）技术。由于多数路由器中本身就包含分组过滤功能，所以网络访问控制可通过路由控制来实现，从而使具有分组过滤功能的路由器成为第一代防火墙产品。

（二）代理防火墙

第二代防火墙工作在应用层，能够根据具体的应用对数据进行过滤或者转发，也就是人们常说的代理服务器、应用网关。这样的防火墙彻底隔断内部网络与外部网络的直接通信。内部网络用户对外部网络的访问变成防火墙对外部网络的访问，然后由防火墙把访问的结果转发给内部网络用户。

（三）状态检测防火墙

1992 年，USC（University of Southern California，南加利福尼亚大学）信息科学院的 Bob Braden 开发出了基于动态包过滤（Dynamic Packet Filter）技术的防火墙，也就是目前所说的状态检测（State Inspection）技术。1994 年，以色列的 Check Point 公司开发出了第一个采用这种技术的商业化产品。根据 TCP，每个可靠连接的建立需要经过 3 次握手。这时，数据包并不是独立的，而是前后之间有着密切的状态联系。状态检测防火墙就是基于这种连接过程，根据数据包状态变化来决定访问控制的策略。

（四）复合型防火墙

1998 年，美国网络联盟公司（NAI）推出了一种自适应代理（Adaptive Proxy）技术，并在其复合型防火墙产品 Gauntlet Firewall for NT 中得以实现。复合型防火墙结合了代理防火墙的安全性和包过滤防火墙的高速度等优点，实现第 3 层~第 7 层自适应的数据过滤。

（五）下一代防火墙

随着网络应用的高速增长和移动业务应用的爆发式出现，发生在应用层网络安全事件越来越多，过去简单的网络攻击也完全转变成混合攻击为主，单一的安全防护措施已经无法有效解决企业面临的网络安全挑战。随着网络带宽的提升，网络流量巨大，针对大流量的进行应用层的精确识别，对防火墙的性能要求也越来越高。下一代防火墙（Next Generation Firewall，NG Firewall）就是在这种背景下出现的。2009 年著名咨询机构 Gartner 介绍为应对当前与未来新一代的网络安全威胁，认为防火墙必须具备一些新的功能，例如基于用户防护和面向应用安全等功能。通过深入洞察网络流量中的用户、应用和内容，并借助全新的高性能并行处理引擎，在性能上有很大的提升。一些企业把具有多种功能的防火墙称为“下一代防火墙”，现在许多企业的防火墙都称为“下一代防火墙”。

五、防火墙 CPU 架构分类

按照防火墙 CPU 架构分类，可以分为通用 CPU、ASIC（Application Specific Intagrated Circuit，专用集成电路）、NP（Network Processor，网络处理器）架构防火墙。

（一）Intel x86（通用 CPU）架构防火墙

通用 CPU 架构目前在国内的信息安全市场上是最常见的，其多是基于 Intelx86 系列架构的产品，又被称为工控机防火墙。在百兆防火墙中，Intelx86 架构的硬件具有高灵活性、扩展性开发、设计门槛低、技术成熟等优点。

由于采用了 PCI 总线接口，Intel x86 架构的硬件虽然理论上能达到 2Gbit/s 的吞吐量，但是 x86 架构的硬件并非为了网络数据传输而设计，对数据包的转发性能相对较弱，在实际应用中，尤其是在小包情况下，远远达不到标称性能。

由于国内安全厂商并没有掌握 x86 架构的核心技术，其 BIOS 中存在着隐藏的漏洞，有可能影响防火墙的安全可靠性。

（二）ASIC 架构防火墙

ASIC 技术是国外高端网络设备几年前广泛采用的技术。采用 ASIC 技术可以为防火墙应用设计专门的数据包处理流水线，优化存储器等资源的利用。基于硬件的转发模式、多总线技术、数据层面与控制层面分离等技术，ASIC 架构防火墙解决了带宽容量和性能不足的问题，稳定性也得到了很好的保证。

ASIC 技术开发成本高，开发周期长，并且难度大。ASIC 技术的性能优势主要体现在网络层转发上，对于需要强大计算能力的应用层数据的处理，则不占优势。由于对 ASIC 不可编程，所以根本无法对新的功能进行添加，而且面对频繁变异的应用安全问题，其灵活性和扩展性也难以满足要求。

（三）NP 架构防火墙

NP（Network Pressor，网络处理器）是专门为处理数据包而设计的可编程处理器，特点是内含了多个数据处理引擎。这些引擎可以并发进行数据处理工作，在处理 2~4 层的分组数据上，比通用处理器具有明显的优势，能够直接完成网络数据处理的一般性任务。硬件体系结构大多采用高速的接口技术和总线规范，具有较高的 I/O 能力，包处理能力得到了很大提升。

NP 具有完全的可编程性、简单的编程模式、开放的编程接口及第三方支持能力，一旦有新的技术或者需求出现，资深设计师可以很方便地通过微码编程实现。这些特性使基于 NP 架构的防火墙与传统防火墙相比，在性能上得到了很大的提高。NP 防火墙和 ASIC 的防火墙实现原理相似，相比升级和维护比 ASIC 的防火墙好。但是从性能和编程灵活性一起考虑，多核架构防火墙会胜出。

（四）多核架构防火墙

多核处理器在同一个硅晶片上集成了多个独立物理核心（所谓核心，就是指处理器内部负责计算、接受/存储命令、处理数据的执行中心，可以理解成一个单核 CPU)，每个核心都具有独立的逻辑结构，包括缓存、执行单元、指令级单元和总线接口等逻辑单元，通过高速总线、内存共享进行通信。多核处理器编程开发周期短，数据转发能力强。目前国内、外大多数厂家都采用多核处理器。

第三节　防火墙实现技术原理

一、包过滤防火墙

（一）包过滤防火墙的原理

包过滤防火墙是一种通用、廉价、有效的安全手段。包过滤防火墙不针对各个具体的网络服务采取特殊的处理方式，而大多数路由器都提供分组过滤功能，同时能够很大程度地满足企业的安全要求。

包过滤防火墙工作在网络层。在网络层实现数据的转发，包过滤模块一般检查网络层、传输层内容，包括下面几项。

（1）源、目的 IP 地址。

（2）源、目的端口号。

（3）协议类型。

（4）TCP 数据报的标志位。

通过检查模块，防火墙拦截和检查所有进站和出站的数据。

防火墙检查模块首先验证这个包是否符合规则。无论是否符合过滤规则，防火墙一般都要记录数据包的情况，对不符合规则的数据包要进行报警或通知管理员。对丢弃的数据包，防火墙可以给发送方一个消息，也可以不发。如果返回一个消息，攻击者可能会根据拒绝包的类型猜测出过滤规则的大致情况，所以是否返回消息要慎重。

在进行包过滤判断时不关心包的具体内容。包过滤只能进行以下类似操作，例如，不让任何工作站从外部网络用 Telnet 登录到内部网络；允许任何工作站使用 SMTP（Simple Mail Transfer Protocol，简单邮件传输协议）向内部网络发送电子邮件。

包过滤系统处于网络的 IP 层和 TCP 层，而不是应用层，所以无法对应用层的具体操作进行任何过滤。以 FTP（File Transfer Protocol，文件传输协议）为例，FTP 应用中包含许多具体的操作，如读取操作、写入操作、删除操作等。另外，包过滤系统不能识别数据报中的用户信息。

（二）包过滤防火墙的特点

包过滤防火墙的优点如下。

（1）利用路由器本身的包过滤功能，以访问控制列表（Access Control List，ACL）方式实现。

（2）处理速度较快。

（3）对安全要求低的网络采用路由器附带防火墙功能的方法，不需要其他设备。

（4）对用户来说是透明的，用户的应用层不受影响。

包过滤防火墙的缺点如下。

（1）无法阻止“IP 欺骗”。黑客可以在网络上伪造假的 IP 地址、路由信息欺骗防火墙。

（2）对路由器中过滤规则的设置和配置十分复杂，涉及规则的逻辑一致性、作用端口的有效性和规则库的正确性，一般的网络系统管理员难于胜任。

（3）不支持应用层协议，无法发现基于应用层的攻击，访问控制粒度粗。

（4）实施的是静态的、固定的控制，不能跟踪 TCP 状态。例如，配置了仅允许从内到外的 TCP 访问时，一些以 TCP 应答包的形式从外部对内部网络进行的攻击仍可以穿透防火墙。

（5）不支持用户认证，只判断数据包来自哪台机器，不能判断来自哪个用户。

（三）设计访问控制列表的注意点

包过滤防火墙基本以路由器的访问控制列表方式实现，设计访问控制列表时应注意以下几点。

（1）自上而下的处理过程。一般的访问控制列表的检测是按照自上而下的过程处理，所以必须注意访问控制列表中语句的顺序。

（2）语句的位置。应该将更为具体的表项放在不太具体的表项前面，保证不会否定后面语句的作用。

（3）访问控制列表的位置。将扩展的访问控制列表尽量靠近过滤源的位置上，过滤规则不会影响其他接口上的数据流。

（4）注意访问控制列表作用的接口及数据的流向。

（5）注意路由器默认设置，从而注意最后一条语句的设置。有的路由器默认设置是允许，有的是默认拒绝，后者比前者更安全、更简便。

（四）包过滤防火墙的应用

包过滤防火墙还可以根据 TCP 中的标志位进行判断，例如，Cisco 路由器的扩展 ACL 就支持 established 关键字。established 用于判断 TCP 数据包中 ACK 或 RST 被置位的情况，从而判断是否是响应内部发起的会话的报文，是内部发起的会话的数据包允许进入内部网络。

包过滤防火墙很难预防反弹端口木马。例如，黑客在内部网络安装了控制端的端口是 80 的反弹端口木马，在这种情况下，攻击者仍然能够穿透防火墙，控制木马，对内部网络构成威胁。

二、代理防火墙

（一）代理防火墙工作原理

某单位如果允许访问外部网络的所有 Web 服务器，但是不允许访问

www. sina. com 站点，使用包过滤防火墙阻止目标 IP 地址是 sina 服务器的数据包。但是，如果 www. sina. com 站点某些服务器的 IP 地址改变了，该怎么办呢?

包过滤技术无法提供完善的数据保护措施，无法解决上述问题，而且一些特殊的报文攻击仅仅使用包过滤的方法并不能消除危害，因此需要一种更全面的防火墙保护技术，在这样的需求背景下，采用“应用代理”（Application Proxy）技术的防火墙诞生了。

首先介绍一下代理服务器。代理服务器作为一个为用户保密或者突破访问限制的数据转发通道，在网络上应用广泛。一个完整的代理设备包含一个服务器端和客户端，服务器端接收来自用户的请求，调用自身的客户端模拟一个基于用户请求的连接到目标服务器，再把目标服务器返回的数据转发给用户，完成一次代理工作过程。

也就是说，代理服务器通常运行在两个网络之间，是客户机和真实服务器之间的中介。代理服务器彻底隔断内部网络与外部网络的“直接”通信，内部网络的客户机对外部网络的服务器的访问，变成了代理服务器对外部网络的服务器的访问，然后由代理服务器转发给内部网络的客户机。代理服务器对内部网络的客户机来说像是一台服务器，而对于外部网络的服务器来说，又像是一台客户机。

如果在一台代理设备的服务器端和客户端之间连接一个过滤措施，就成了“应用代理”防火墙。这种防火墙实际上就是一台小型的带有数据“检测、过滤”功能的透明代理服务器（Transparent Proxy），但是并不是单纯地在一个代理设备中嵌入包过滤技术，而是一种被称为“应用协议分析”（Application Protocol Analysis）的技术。因此该类防火墙也经常把代理防火墙称为代理服务器、应用网关（Application Gateway），工作在应用层，适用于某些特定的服务，如 HTTP、FTP 等。

“应用协议分析”技术工作在 OSI 模型的应用层上，在这一层能接触到的所有数据都是最终形式。也就是说，防火墙“看到”的数据与最终用户看到的是一样的，而不是一个个带着地址端口协议等原始内容的数据包，因而可以实现更高级的数据检测过程。

“应用协议分析”模块便根据应用层协议处理这个数据，通过预置的处理规则查询这个数据是否带有危害。由于这一层面对的已经不再是组合有限的报文协议，可以识别 HTTP 头中的内容，如进行域名的过滤，甚至可以识别类似于“GET/sql. asp? id=1 and 1”的数据内容，所以防火墙不仅能根据数据层提供的信息判断数据，更能像管理员分析服务器日志那样“看”内容辨别危害。

（二）代理防火墙的特点

由于代理防火墙采取代理机制进行工作，内外部网络之间的通信都需要先经过代理服务器审核，通过后再由代理服务器连接，根本没有给分隔在内外部网络两边的计算机直接会话的机会，所以可以避免入侵者使用“数据驱动”攻击方式（一种能通过包过滤防火墙规则的数据报文，当其进入计算机处理后，变成能够修改系统设置和用户数据的恶意代码）渗透内部网络。可以说对数据包的检测能力方面，“应用代理”是比包过滤技术更完善的防火墙技术。

由于是基于代理技术的，通过防火墙的每个连接都必须建立在为之创建的代理程序进程上，而代理进程自身是要消耗一定时间的，更何况代理进程里还有一套复杂的协议分析机制在同时工作，于是数据在通过代理防火墙时，就会发生数据迟滞现象。代理防火墙是以牺牲速度为代价换取了比包过滤防火墙更高的安全性能，在网络吞吐量不是很大的情况下，也许用户不会察觉到什么，然而到了数据交换频繁的时刻，代理防火墙就成了整个网络的瓶颈。因此，代理防火墙的普及范围还远远不及包过滤型防火墙，就目前整个庞大的软件防火墙市场来说，单纯的代理防火墙应用比较少。

由于代理型防火墙工作在应用层，针对不同的应用，需要建立不同的服务代理，以处理客户端的访问请求。同时，不同的应用客户端的设置也不同，对用户来说是不方便的，难于配置。

另外，防火墙核心要求预先内置一些已知应用程序的代理，使一些新出现的应用在代理防火墙内被无情地阻断，不能得到很好的支持。

（三）代理服务器分类

前面讲了代理防火墙就是一台小型的带有数据“检测、过滤”功能的透明“代理服务器”，有时大家把代理防火墙也称为代理服务器。下面从代理服务器“代理”的内容来看代理防火墙的“检测、过滤”内容。

代理服务器工作在应用层，针对不同的应用协议，需要建立不同的服务代理。按代理服务器的用途分类如下。

1. HTTP 代理

代理客户机的 HTTP 访问，主要代理浏览器访问网页，端口一般为 80、8080、3128 等。

2. FTP 代理

代理客户机上的 FTP 软件访问 FTP 服务器，端口一般为 21、2121。

3. POP3 代理

代理客户机上的邮件软件用 POP3 方式收邮件，端口一般为 110。

4. Telnet 代理

能够代理通信机的 Telnet，用于远程控制，入侵时经常使用，端口一般为 23。

5. SSL 代理

支持最高 128 位加密强度的 HTTP 代理，可以作为访问加密网站的代理。加密网站是指以“https：//”开始的网站。SSL 的标准端口为 443。

6. HTTP CONNECT 代理

允许用户建立 TCP 连接到任何端口的代理服务器，这种代理不仅可用于 HTTP，还包括 FTP、IRC、RM 流服务等。

7. Socks 代理

全能代理，支持多种协议，包括 HTTP、FTP 请求及其他类型的请求，标准端口为1080。

8. TUNNEL 代理

经 HTTP Tunnet 程序转换的数据包封装成 HTTP 请求（Request）来穿透防火墙，允许利用 HTTP 服务器做任何 TCP 可以做的事情，功能相当于 Socks 5。

除了上述常用的代理，还有各种各样的应用代理，如文献代理、教育网代理、跳板代理、Ssso 代理、Flat 代理、SoftE 代理等。

如果客户端 IE 浏览器启用“特殊”定制的 HTTP 代理，在客户端发出 HTTP 请求的时候，就已经替换了“https：//”头中的请求 www. sina. com 的内容，代理防火墙就检测不到 www. sina. com 字段，不能实现过滤。当然这个代理需要“特殊”定制，代理服务器知道这类客户端发出的请求是访问 www. sina. com，就会帮助客户端下载 www. sina. com 的内容。

（四）Socks 代理

代理型防火墙工作在应用层，针对不同的应用协议，需要建立不同的服务代理。如果有一个通用的代理，可以适用于多个协议，那就方便多了，这即是 Socks 代理。

首先介绍一下套接字（Socket）。应用层通过传输层进行数据通信时，TCP 和 UDP 会遇到同时为多个应用程序进程提供并发服务的问题。多个 TCP 连接或多个应用程序进程可能需要通过同一个 TCP 协议端口传输数据。区分不同应用程序进程间的网络通信和连接，主要有 3 个参数，分别为通信的目的 IP 地址、使用的传输层协议（TCP 或 UDP）和使用的端口号。这 3 个参数称为套接字。基于“套接字”概念可开发许多函数。这类也称为 Socks 库函数。

Socks 是一种网络代理协议，是 David Koblas 在 1990 年开发的，此后就一直作为 InternetRFC 标准的开放标准。Socks 协议执行最具代表性的就是在 Socks 库中利用适当的封装程序对基于 TCP 的客户程序进行重封装和重链接。

Socks 代理与一般的应用层代理服务器是完全不同的。Socks 代理工作在应用层和传输层之间，旨在提供一种广义的代理服务，不关心是何种应用协议（如

FTP、HTTP 和 SMTP 请求），也不要求应用程序遵循特定的操作系统平台，不管再出现什么新的应用都能提供代理服务。因此，Socks 代理比其他应用层代理要快得多。Socks 代理通常绑定在代理服务器的 1080 端口上。

Socks 代理的工作过程是：当受保护网络客户机需要与外部网络交互信息时，首先和 Socks 防火墙上的 Socks 服务器建立一个 Socks 通道，在建立 Socks 通道的过程中可能有一个用户认证的过程，然后将请求通过这个通道发送给 Socks 服务器。Socks 服务器在收到客户请求后，检查客户的 User ID、IP 源地址和 IP 目的地址。经过确认后，Socks 服务器才向客户请求的因特网主机发出请求。得到相应数据后，Socks 服务器再通过原先建立的 Socks 通道将数据返回给客户。受保护网络用户访问外部网络所使用的 IP 地址都是 Socks 防火墙的 IP 地址。

Socks 协议分 Socks 4 和 Socks 5 两种类型，其中，Socks 4 只支持 TCP，而 Socks 5 除支持 TCP/UDP 外，还支持各种身份验证机制等协议。

（三）状态检测防火墙

前面提到了包过滤防火墙无法阻止某些精心构造了标志位的攻击数据报，而采用状态监测（State Inspection）技术，可以避免这样的问题。

状态检测防火墙技术是 CheckPoint 在基于“包过滤”原理的“动态包过滤”技术发展而来的。这种防火墙技术通过一种被称为“状态监视”的模块，在不影响网络安全正常工作的前提下，采用抽取相关数据的方法，对网络通信的各个层次实行监测，并根据各种过滤规则做出安全决策。

状态检测防火墙仍然在网络层实现数据的转发，过滤模块仍然检查网络层、传输层内容，为了克服包过滤模式明显的安全性不足的问题，不再只是分别对每个进出的包孤立地进行检查，而是从 TCP 连接的建立到终止都跟踪检测，把一个会话作为整体来检查，并且根据需要，可动态地增加或减少过滤规则。“会话过滤”（Session Filtering）功能是在每个连接建立时，防火墙为这个连接构造一个会话状态，里面包含了这个连接数据包的所有信息，以后连接都是基于这个状态信息进行的。这种检测的高明之处是，能够对每个数据包的状态进行监视，一且建立了一个会话状态，则此后的数据传输都要以此会话状态作为依据。

无论何时，一个防火墙接收到一个初始化 TCP 连接的 SYN（Synchronous）包，则这个带有 SYN 的数据包就要被防火墙的规则库检查。该包在规则库里按次序进行比较。如果在检查了所有的规则后，该包都没有被接受，那么拒绝这次连接。一个 RST 的数据包发送到远端的机器，如果该包被接受，那么本次会话被记录到状态监测表里。这时需要设置一个时间溢出值，例如，将其值设定为 60 秒。然后防火墙期待一个返回的确认连接的数据包，对于返回的连接请求的数据包的类型需要做出判断，确认其含有 SYN/ACK 标志。当接收到此包时，防火墙将连接时间的溢出值设定为 3600 秒（可以自定义）。随后的数据包（不是只带一个 SYN 标志）与该状态监测表的内容进行比较。如果会话是在状态表内，而且该数据包是会话的一部分，该数据包被接受。如果不是会话的一部分，该数据包被丢弃。

状态监测表是位于内核模式中的。这种方式提高了系统的性能，因为每一个数据包不是和规则库比较，而是和状态监测表比较，只有在 SYN 的数据包到来时才和规则库比较。所有的数据包与状态检测表的比较都在内核模式下进行，所以速度很快。

结束连接时，当状态监测模块监测到一个 FIN 或一个 RST 包的时候，减少时间溢出值，从默认设定的值 3600 秒减少到 50 秒。如果在这个周期内没有数据包交换，这个状态检测表项将会被删除。如果有数据包交换，这个周期会被重新设置到 50 秒。如果继续通信，这个连接状态会被继续地以 50 秒的周期维持下去。这种设计方式可以避免一些 DoS 攻击，例如，一些人有意地发送一些 FIN 或 RST 包来试图阻断这些连接。

状态检测防火墙实现了基于 UDP（User Datagram Protocol，用户数据报协议）应用的安全，通过在 UDP 通信之上保持一个虚拟连接来实现。防火墙保存通过网关的每一个连接的状态信息，允许穿过防火墙的 UDP 请求包被记录。当 UDP 包在相反方向上通过时，依据连接状态表确定该 UDP 包是否被授权的。若已被授权，则通过，否则拒绝。如果在指定的一段时间内响应数据包没有到达，连接超时，则该连接被阻塞。这样所有的攻击都被阻塞。状态检测防火墙可以控制无效连接的连接时间，避免大量的无效连接占用过多的网络资源，可以很好地降低DoS和DDoS攻击的风险。

包过滤防火墙得以进行正常工作的一切依据都在于过滤规则的实施，但又不能满足建立精细规则的要求，并不能分析高级协议中的数据。应用网络关防火墙的每个连接都必须建立在为之创建的有一套复杂的协议分析机制的代理程序进程上，这会导致数据延迟的现象。

状态检测防火墙虽然继承了包过滤防火墙的优点，克服了它的缺点，但它仍只是检测数据包的第3、4层信息，无法彻底地识别数据包中大量的垃圾邮件、广告及木马程序等。

包过滤防火墙和网关代理防火墙及状态检测防火墙都有固有的无法克服的缺陷，不能满足用户对于安全性不断提高的要求，于是复合型防火墙或者称为深度包检测（Deep Packet Inspection）防火墙技术被提出了。

四、复合型防火墙

复合型防火墙采用自适应代理技术，该技术是NAI（美国网络联盟公司）最先提出的，并在其产品Gauntlet Firewall for NT中得以实现，结合代理类型防火墙的安全性和状态检测防火墙的高速度等优点，实现第3层~第7层自适应的数据过滤，在毫不损失安全性的基础之上，将代理型防火墙的性能提高10倍以上。

自适应代理技术的基本要素有两个：自适应代理服务器与状态检测包过滤器。初始的安全检查仍然发生在应用层，一旦安全通道建立后，随后的数据包就可以重新定向到网络层。在安全性方面，复合型防火墙与标准代理防火墙是完全一样的，同时还提高了处理速度。自适应代理技术科根据用户定义的安全规则，动态“适应”传送中的数据流量。当安全要求较高时，安全检查仍在应用层中进行，保证实现传统防火墙的最大安全性，而一旦可信任身份得到认证，其后的数据便可直接通过速度快得多的网络层。

五、下一代防火墙

据统计，应用特征库已经收录了超过6000种互联网应用，还包括700余种移动互联网应用。不断增长的带宽需求和新应用正在改变协议的使用方式和数据的传输方式，不断变化的业务流程、部署的技术，正推动对网络安全性的新需求，使得攻击变得越来越复杂，必须更新网络防火墙，才能够更主动地阻止新威胁。因此，下一代防火墙应运而生。

下一代防火墙除了拥有前述防火墙的所有防护功能外，借助全新的高性能单路径异构并行处理引擎，在互联网出口、数据中心边界、应用服务前端等场景提供高效的应用层一体化安全防护，还可以识别网络流量中的应用和用户信息，实现用户和应用级别的访问控制；能够识别不同应用所包含的内容信息中的威胁和风险，防御应用层威胁；可识别和控制移动应用，防止BYOD（Bring Your Own Device，携带自己的设备办公）带来的风险，并能通过主动防御技术识别未知威胁。

下一代防火墙实现对报文采取单次解析、单次匹配，避免由于多模块叠加对报文进行多次拆包多次解析的问题，有效地提升了应用层效率。在计算上采用先进的并行处理技术，硬件采用了多核的架构，成倍提升系统吞吐量并行处理的技术，大大提高了设备的处理能力。

基于应用的深度入侵防御采用多种威胁检测机制，防止如缓冲区溢出攻击、利用漏洞的攻击、协议异常、蠕虫、木马、后门、DoS/DDoS攻击探测、扫描、间谍软件及IPS逃逸攻击等各类已知未知攻击，全面的增强应用安全防护能力。

第四节　防火墙产品

目前，国内的防火墙几乎被国外的品牌占据了一半的市场，但国内防火墙厂商对国内用户了解更加透彻，价格上也更具有优势。在防火墙产品中，国外主流厂商为Juniper、Cisco、CheckPoint等，国内主流厂商为天融信、华为、深信服、绿盟等，均提供不同级别的防火墙产品。在这么多防火墙产品中，首先要了解防火墙的主要参数，根据自己的需求进行选择。

一、防火墙的主要参数

（一）硬件参数

硬件参数是指设备使用的处理器类型或芯片，以及主频、内存容量、闪存容量、网络接口数量、网络接口类型等数据。

（二）并发连接数

并发连接数是衡量防火墙性能的一个重要指标，是指防火墙或代理服务器对其业务信息流的处理能力，是防火墙能够同时处理的点对点连接的最大数目，反映出防火墙设备对多个连接的访问控制能力和连接状态跟踪能力。这个参数的大小直接影响到防火墙所能支持的最大信息点数。

例如，以每个用户需要 15 个并发连接来计算，一个小型企业网络（1000 个信息点以下，容纳 4 个 C 类地址空间）大概需要 15×1000 = 15 000 个并发连接，因此支持 20 000~30 000 最大并发连接的防火墙设备便可以满足需求。大中型企业级以天融信 NGFW4000-UF 为例，它的并发连接数可以达到 350 万。

并发连接数的大小与 CPU 的处理能力和内存的大小有关。

（三）吞吐量

网络中的数据是由一个个数据包组成的，防火墙对每个数据包的处理要耗费资源。吞吐量是指在没有帧丢失的情况下，设备能够接受的最大速率。

防火墙作为内外网之间的唯一数据通道，如果吞吐量太小，就会成为网络瓶颈，给整个网络的传输效率带来负面影响。因此，考察防火墙的吞吐能力有助于更好地评价其性能表现。吞吐量和报文转发率是关系防火墙应用的主要指标，一般采用 FDT（Full Duplex Throughput，全双工吞吐量）来衡量，是指 64 字节数据包的全双工吞吐量。该指标既包括吞吐量指标，也涵盖了报文转发率指标。

吞吐量的大小主要由防火墙内网卡以及程序算法的效率决定，尤其是程序算法。以天融信 NGFW4000-UF 为例，其网络吞吐量可以达到 16Gbit/s。

（四）安全过滤带宽

安全过滤带宽是指防火墙在某种加密算法标准下，如 DES（56 位）或 3DES（168 位）下的整体过滤性能。安全过滤带宽是相对于明文带宽提出的。一般来说，防火墙总的吞吐量越大，对应的安全过滤带宽越高。

（五）用户数限制

用户数限制分为固定限制用户数和无用户数限制两种。固定限制用户数，如 SOHO 型防火墙，一般支持几十到几百个用户不等，而无用户数限制大多用于大的部门或公司。值得注意的是，用户数和并发连接数是完全不同的两个概念，并发连接数是指防火墙的最大会话数（或进程），每个用户可以在一个时间里产生很多连接。

（六）VPN 功能

目前，绝大部分防火墙产品都支持 VPN 功能。在 VPN 的参数中包括建立 VPN 通道的协议类型、可以在 VPN 中使用的协议、支持的 VPN 加密算法、密钥交换方式、支持 VPN 客户端数量。

除了这些主要的参数，防火墙还有其他很多参数，如防御方面的功能、是否支持病毒扫描、防御的攻击类型、NAT 功能、管理功能等。

二、选购防火墙的注意点

防火墙是目前使用最为广泛的网络安全产品之一，了解其性能指标后，用户在选购时还应该注意以下几点。

（一）防火墙自身的安全性

防火墙自身的安全性主要体现在自身设计和管理两个方面。设计的安全性关键在于操作系统，只有自身具有完整信任关系的操作系统才可以谈论系统的安全性。而应用系统的安全是以操作系统的安全为基础的，同时防火墙自身的安全实现也直接影响整体系统的安全性。

（二）系统的稳定性

防火墙的稳定性可以通过以下几种方法判断：从权威的测评认证机构获得；实际调查；自己试用；厂商实力，如资金、技术开发人员、市场销售人员和技术支持人员多少等。是否高效、高性能是防火墙的一个重要指标，直接体现了防火墙的可用性。如果由于使用防火墙而带来了网络性能较大幅度的下降，就意味着安全代价过高。一般来说，防火墙加载上百条规则，其性能下降不应超过5%。

（三）可靠性

可靠性对防火墙类访问控制设备来说尤为重要，直接影响受控网络的可用性。从系统设计上来说，提高可靠性的措施一般是提高本身部件的强健性、增大设计阈值和增加冗余部件。这要求有较高的生产标准和设计冗余度。

（四）是否管理方便

网络技术发展很快，各种安全事件不断出现，这就要求安全管理员经常调整网络安全策略。对于防火墙类访问控制设备，除基本的安全访问控制策略的不断调整外，业务系统访问控制的调整也很频繁，这些都要求防火墙的管理在充分考虑安全需要的前提下，必须提供方便灵活的管理方式和方法。

（五）是否可以抵抗 DoS 攻击

在当前的网络攻击中，DoS 攻击是使用频率最高的方法。抵抗 DoS 攻击应该是防火墙的基本功能之一。目前有很多防火墙号称可以抵御 DoS 攻击，但严格地说，只是可以降低 DoS 服务攻击的危害，而不是百分之百能够抵御这种攻击。

（六）是否可扩展、可升级

用户的网络不是一成不变的，与防病毒产品类似，防火墙也必须不断地进行升级，此时支持软件升级就很重要了。如果不支持软件升级，为了抵御新的攻击手段，用户就必须进行硬件上的更换，而在更换期间网络是不设防的，同时用户也要为此花费更多的钱。

第六章　Windows Server 的安全

本章在对 Windows Server 2003/2008（下面统一简称为 Windows Server，不同版本特殊的地方将单独注明）操作系统的模型与安全机制进行概括性介绍的基础上，重点讲述操作系统日常维护中最重要的内容——账户的管理、注册表的管理与应用、系统进程和服务的管理、系统日志等。除了使用系统内置的管理工具外，分别介绍实际工作中常用的一些安全工具——LC5、Cain、RegCleaner、IceSword 等，进一步加强操作系统的安全管理。最后，通过安全模板的使用，能够快速完成操作系统的安全配置，并分析系统的安全性，进一步理解操作系统各种管理单元的作用。

第一节　Windows 操作系统概述

一、Windows 操作系统发展历程

操作系统是一种能控制和管理计算机系统内各种硬件资源和软件资源的软件环境，能合理、有效地组织计算机系统的工作，为用户提供一个使用方便、可扩展的工作环境，从而给用户提供一个操作计算机的软、硬件接口。操作系统是连接计算机硬件与上层软件及用户的桥梁，也是计算机系统的核心，因此，操作系统的安全与否直接决定信息是否安全。

作为网络操作系统或服务器操作系统，高性能、高可靠性和高安全性是其必备要素，但是，日趋复杂的企业应用和因特网应用，又对操作系统提出了更高的要求。

Windows 无疑是市场占有率第一的操作系统，随着电脑硬件和软件的不断升

级，微软的 Windows 也在不断升级。从架构的 16 位、32 位再到 64 位，系统版本从最初的 Windows 1.0 到大家熟知的 Windows 95、Windows 98、Windows ME、Windows 2000、Windows 2003、Windows XP、Windows Vista、Windows 7、Windows 8、Windows 10、Windows 11，不断持续更新。

2015 年 7 月发行了 Windows 10 正式版，内核由 NT 6.4 升级为了 NT 10.0。核心安全技术上做了很多改进，例如：基于生物特征的功能，用于验证和识别个人身份；虚拟化的基础配置再加上安全功能。

下面我们主要介绍比较成熟的内核为 NT 5.0（Windows 2003）、NT 6.0（Windows 2008）系列的操作系统。

二、Windows Server 的模型

了解一个操作系统的体系结构就像了解一辆汽车的工作原理一样，即使不知道汽车的技术细节，驾驶员也能驾驶汽车从 A 地到达 B 地。但是如果知道了汽车的工作原理，就会更好地保养汽车、减少损耗，甚至可以进行维修。尽管操作系统比汽车发动机更复杂，但是道理是相似的。如果了解核心部分的各种组件、文件系统和 OS 利用处理器、内存、硬件等的过程，就可以更好地管理操作系统。

在 Windows Server 2003、Windows Vista 和 Windows Server 2008 的体系结构都是一个模块化的、基于组件的操作系统。这个操作系统中的所有组件对象都提供接口，以便其他对象和进程与之交互，从而利用这些组件所提供的各种功能和服务。这些组件协同工作便能执行特定的操作系统任务。

Intel x86 处理器支持 4 种运行模式，或称计算环（Ring），分别为 Ring 0、Ring 1、Ring 2、Ring 3，其中，Ring 0 拥有最高优先级，Ring 1、Ring 2、Ring 3 优先级依次降低。

Windows 仅使用其中两种运行模式，即 Ring 0 和 Ring 3，其中，Ring 0 为内核模式，所有内核模式进程共享一个地址空间，Ring 3 为用户模式，每个用户模式进程拥有自己私有的虚拟内存空间。

（一）内核模式

内核是操作系统的心脏，并负责完成大部分基本的操作系统功能。当 Windows Server 运行在内核模式时，CPU 使所有的命令和所有的内存地址对于所运行的线程都是可用的。内核模式能访问系统数据和硬件资源，内核不能从用户模式下调用。内核模式由以下几个组件组成。

1. Windows Server 执行程序

执行程序（Executive）是指所有执行程序服务的集合名词。执行程序包含很多操作系统中的 I/O 例程，并实现对关键对象的管理功能，尤其是安全性方面。执行程序内核模式组件如下。

（1）I/O 管理器：管理操作系统设备的输入和输出，负责处理设备驱动程序。这是一种软件模块，帮助操作系统访问网卡、磁盘驱动器和缓存等物理设备，具体包括文件系统驱动程序、设备驱动程序和低层设备驱动程序。

（2）对象管理器：该引擎管理系统对象，负责对象的命名、安全性维护、分配和处理等工作。对象包括文件、文件夹、窗口、进程和线程等。

（3）安全性引用监视器（Security Reference Monitor）：该组件可以实施计算机的安全策略。

（4）进程间通信管理器（Inter-Process Communication，IPC）：管理客户端和服务器进程间的通信。

（5）内存管理器或虚拟内存管理器（Virtual Memory Manager，VMM）：该组件用来管理虚拟内存。

（6）进程管理器：创建和终止由系统服务或应用程序产生的进程和线程。

（7）即插即用管理器：利用各种设备驱动程序，为与硬件相关的配置提供即插即用服务及通信。

（8）电源管理器：该组件控制系统中的电源管理。

（9）窗口管理器和图形设备接口（Graphics Device Interface，GDI）：驱动程序 win32k. sys 将两个组件服务结合在一起，并管理显示系统。

2. 微内核

微内核是操作系统的核心，管理微处理器上的线程处理、线程排队、多任务、线程之间切换设备环境、捕获并处理中断和异常、对内核对象的管理等。

执行程序和微内核都在文件 ntoskrnl. exe 中实现。执行体具有相对较高的级别，微内核不能从用户模式调用，其功能是通过执行体从用户模式下访问来实现的。

3. 设备驱动程序

设备驱动程序必须运行于内核模式下，以便能够有效地与其所控制的硬件进行交互。但是，从安全性和稳定性的角度来看，因为所有的内核模式进程能够访问所有其他内核模式进程的内存（代码或者数据）。这意味着第三方的驱动程序有可能因为软件错误或者是恶意行为，而导致系统级的故障。

4. 硬件抽象层

硬件抽象层对其他设备和组件隐藏了硬件接口的详细信息。换句话说，硬件抽象层是位于真实硬件之上的抽象层，所有到硬件的调用都是通过 HAL 来进行的。HAL 包含处理硬件相关的 I/O 接口、硬件中断等所必需的硬件代码。该层也负责与 Intel 和 AMD 相关的支持，使一个执行程序可以在两者中的任何一个处理器上运行。

（二）用户模式

Windows Server 用户模式层是一种典型的应用程序支持层，由环境子系统和整合子系统组成，同时支持 Microsoft 和第三方应用软件。独立的软件供应商可以在其上使用发布的 API 和面向对象的组件进行操作系统调用。所有的应用程序和服务都安装在用户模式层。

1. 环境子系统

环境子系统的功能是运行为不同操作系统所编写的应用程序。环境子系统能够截取应用程序对特定操作系统 API 的调用，然后将其转换为 Windows Server 可以识别的格式，转换后的 API 调用再传递到处理请求所需要的操作系统组件，最后将调用所返回的返回码或返回信息，转换回应用程序能够识别的格式，包括 Windows 32 子系统、POSIX 子系统和 OS/2 子系统。

Windows 32 子系统支持基于 Windows 32 的应用程序。这个子系统也支持 16 位 Windows 和 DOS 应用程序。所有应用程序的 I/O 和 GUI 功能都在这里处理。Windows 32 子系统是系统正常运行的基础，在系统启动时加载，并且直到系统关闭时才卸载。内核模式设备驱动程序——图形设备接口，在设备驱动程序文件 win32k. sys 中实现，用户模式进程是 csrss. exe。

POSIX 子系统立持兼容 POSIX 的应用程序（通常为 UNIX）。OS/2 子系统支持 16 位 OS/2 应用程序（主要是 Microsoft OS/2）。这两个子系统用途有限，一般不加载。

2. 整合子系统

整合子系统用于执行某些关键操作系统功能，包括安全子环境、服务器服务、工作站服务。这些系统几乎不需要进行管理。在服务控制管理器（Service Control Manager）中可以访问这些服务，也可以通过手动方式启动和停止这些服务。

安全子环境执行与用户权利和访问控制有关的服务。访问控制包括对整个网络及操作系统对象的保护。这些对象是以一定的方法在操作系统中定义或抽象的。安全子环境也处理登录请求，并开始登录验证过程。本地安全身份验证服务器进程接收来自 Winlogon 的身份验证请求，并调用适当的身份验证包来执行实际的验证，如检查一个密码是否与存储在 SAM 文件中的密码匹配。在身份验证成功时，LSASS 将生成一个包含用户安全配置文件的访问令牌对象。

第二节　Windows NT 系统的安全模型

一、Windows NT 系统的安全元素

Windows NT 是 C2 级别的操作系统（备注：C2 是可信系统评估标准 TCSEC 的安全级别）。作为 C2 级别的操作系统，Windows NT（本书指的是包括 NT 5.2 和 NT 6.0 的版本，后面无特殊标注一般指的是 NT 6.0）主要包含 6 个主要的安全元素。Windows NT 家族安全模型的主要功能是用户身份验证和访问控制。

（一）用户身份验证

身份验证是系统安全的一个基础方面，将对尝试登录到域或访问网络资源的任何用户进行身份确认。Windows NT 家族身份验证启用对所有网络资源的单一登录。单一登录允许用户使用一个密码或智能卡一次登录到域，然后向域中的任何计算机验证身份。

在这种身份验证模型中，安全子系统提供了两种类型的身份验证：交互式登录（根据用户的本地计算机或 Active Directory 账户确认用户的身份）和网络身份验证（根据此用户试图访问的任何网络服务确认用户的身份）。为了提供这种类型的身份验证，Windows NT 的安全系统包括了 3 种不同的身份验证机制：Kerberos V5、公钥证书和 NTLM（其中 LM 是为了与 Windows NT 4.0 系统兼容）。

交互式登录过程中，向域账户或本地计算机确认用户的身份。这一过程根据用户账户的类型而有所不同。

（1）使用域账户，用户可以通过存储在 Active Directory 目录服务中的单一登录凭据，使用密码或智能卡登录到网络。如果使用域账户登录，被授权的用户可以访问该域及任何信任域中的资源。

（2）使用本地计算机账户，用户可以通过存储在安全账户管理器（SAM——本地安全账户数据库）中的凭据，登录到本地计算机。任何工作站或

成员服务器均可以存储本地用户账户，但这些账户只能用于访问本地计算机。

网络身份验证向用户尝试访问的任何网络服务确认身份证明。为了提供这种类型的身份验证，安全系统支持多种不同的身份验证机制，包括 Kerberos V5、安全套接字层/传输层安全性（SSL/TLS），以及为了与 Windows NT 4.0 兼容而提供的 NTLM（NTLAN Manager，标准安全协议）。

网络身份验证对于使用域账户的用户来说不可见。使用本地计算机账户的用户每次访问网络资源时，必须提供凭据（如用户名和密码）。通过使用域账户，用户就具有了可用于单一登录的凭据。

（二）基于对象的访问控制

通过用户身份验证，系统允许管理员控制对网上资源或对象的访问。管理员将安全描述符分配给存储在 Active Directory 中的对象。

通过管理对象的属性，管理员可以设置权限、分配所有权，以及监视用户访问。管理员不仅可以控制对特殊对象的访问，也可以控制对该对象特定属性的访问。

这些安全构架的目标就是实现系统的牢固性。从设计上来考虑，就是所有的访问都必须通过同一种方法认证，减少安全机制被绕过的机会。

二、Windows NT 的登录过程

Windows Server 2003 的安全机制从登录时开始启动。

（1）Windows NT 的 Winlogon 负责用户登录、注销及安全注意序列（Secure Attention Sequence，SAS）。在 Windows 中默认 SAS 为【Ctrl+Alt+Del】组合键。使用 SAS 的原因是保护用户不受那些能模拟登录进程的密码捕获程序的干扰。

（2）Winlogon 调用 GINA（Graphical Identification and Authentication），并监视安全认证序列。在 GINA 中输入用户名及密码然后按【回车】键，将会收集这些信息。

（3）GINA 传送这些安全信息给本地安全机构（Local Security Authority，

LSA）来进行验证。

（4）LSA 传送这些信息给安全支持提供器接口（Security Support Provider Interface，SSPI）。

（5）SSPI 是一个与 Kerberos 和 NTLM 通信的接口服务。SSPI 传送 Authentication Packages（用户名及密码）给 Kerberos SSP，Kerberos SSP 检查目的机器是本机还是域名。如果是登录本机，去 SAM 数据库验证；如果是登录域控制器，再启动 Net Logon 服务，到域控制器去验证。

（6）用户通过验证后，登录进程会给用户一个访问令牌，允许用户进入系统。Winlogon 在注册表“\ HKLM \ Software \ Microsoft \ WindowsNT \ CurrentVersion”中，如果存在【GinaDLL】键，Winlogon 将使用这个 DLL；如果不存在该键，Winlogon 将使用默认值“MSGINA. DLL”。

三、Windows NT 的安全认证子系统

Winlogon 在系统启动时启动，所完成的第一件事情是启动并注册本地安全认证子系统（Local Security Authority Subsystem，LSASS）和服务控制管理器，其中，LSASS 接收来自 Winlogon 进程的用户登录凭证，并验证这些凭证信息。LSASS 包含 5 个关键的组件，主要工作过程如下。

（一）安全标识符

安全标识符（Security Identifiers，SID）是标识用户、组和计算机账户的唯一号码。在第一次创建该账户时，将给网络上的每一个账户发布一个唯一的安全标识符。Windows NT 中的内部进程将引用账户的 SID，而不是账户的用户名或者组名。安全标识符也被称为安全 ID 或 SID。

（二）访问令牌

用户通过验证后，登录进程会给用户一个访问令牌（Access Tokens）。该令牌相当于用户访问系统资源的票证。当用户试图访问系统资源时，将访问令牌提

供给 Windows NT，然后 Windows NT 检查用户试图访问对象上的访问控制列表。如果用户被允许访问该对象，Windows NT 将会分配给用户适当的访问权限。

访问令牌是用户在通过验证的时候由登录进程所提供的，所以改变用户的权限需要注销后重新登录，重新获取访问令牌。

（三）安全描述符

Windows NT 中任何对象的属性都有安全描述符部分。安全描述符（Security Descriptors）是和被保护对象相关联的安全信息的数据结构，保存对象的安全配置，列出了允许访问对象的用户和组，以及分配给这些用户和组的权限。安全描述符还指定了需要为对象审核的访问事件。文件、打印机和服务都是对象的实例，可以对其属性进行设置。

（四）访问控制列表

访问控制列表（Access Control Lists）有两种：任意访问控制列表（Discretionary ACL）、系统访问控制列表（System ACL）。

任意访问控制列表包含了用户和组的列表，以及相应的权限——允许或拒绝。每一个用户或组在任意访问控制列表中都有特殊的权限。而系统访问控制列表是为审核服务的，包含了对象被访问的时间。

一个用户进程在接触一个对象时，安全性引用监视器将访问令牌中的 SID 与对象访问控制列表中的 SID 相匹配。这时可能出现两种情况：如果没有匹配，就拒绝用户访问，称为隐式拒绝（Implicit Deny）；如果有一个匹配，就将与 ACK 中的条目关联的权限授予用户，可能是一个 Allow 权限，也可能是一个 Deny 权限。

（五）访问控制项

访问控制项（Access Control Entries）包含了用户或组的 SID 及对象的权限。访问控制项有两种：允许访问和拒绝访问。拒绝访问的级别高于允许访问。

四、Windows NT 的安全标识符

在 Windows NT 的安全子系统中，安全标识符（SID）起什么作用？假设某公司里有一个用户 admin 离开了公司后，被注销了该用户，又来了一个同名的员工，他的用户名、密码与原来的那个相同，操作系统能把他们区分开吗？他们的权限是否一样？

每当创建一个用户或一个组的时候，系统会分配给该用户或组一个唯一的 SID。Windows NT 中的内部进程将引用账户的 SID。换句话说，Windows NT 对登录的用户指派权限时，表面上是看用户名，实际上是根据 SID 号进行的。如果创建账户，再删除账户，然后使用相同的用户名创建另一个账户，则新账户将不具有授权给前一个账户的权力或权限，原因是该账户具有不同的 SID 号。

一个完整的 SID 包括用户和组的安全描述、48bit 的 ID authority、修订版本、可变的验证值（Variable Sub-Authority Values）。例如，用 Windows 内置的命令 whoami 可以查看 sid，可以查看账户的 SID。

SID 列的属性值中，第一项 S 表示该字符串是 SID；第二项是 SID 的版本号，对于 Windows NT 来说，版本号是 1；然后是标志符的颁发机构（Identifier Authority），对于 Windows NT 内的账户来说，颁发机构就是 NT，值是 5；然后表示一系列的子颁发机构代码，前面几项是标志域的，中间的 30 位数据，由计算机名、当前时间、当前用户态线程的 CPU 耗费时间的总和这 3 个参数决定，以保证 SID 的唯一性；最后一个标志着域内的账户和组，称为相对标识符（Relative Identifiers，RID），RID 为 500 的 SID 是系统内置 Administrator 账户，即使重命名，其 RID 保持为 500 不变，许多黑客也是通过 RID 找到真正的系统内置 Administrator 账户。RID 为 501 的 SID 是 Guest 账户。在域中，从 1000 开始的 RID 代表用户账户（例如，RID 为 1015 是该域创建的第 15 个用户）。

使用 User2sid 工具软件，可以查看某账户的 SID。使用 Sid2user 工具软件，已知某账户的 SID，可查看其用户名，还可以看到一些特殊账户的 SID。对某个账户的登录名称进行修改不影响其 SID。

如果没有 User2sid 工具软件，也可以通过下面的方法查看 SID 的结构：先建立一个账户 test1，并指定该账户对某个文件夹的访问权限。然后，删除该账户，注销并用原来的账户重新登录，就可以看到刚才创建的 test1 账户的 SID。

现在有好多的映像系统把整个安装好的系统分区直接克隆下来，这样多台机器就有了相同的 SID。相同 SID 在单机使用过程中可能没有什么问题，但是这样的系统在加入域的时候会报错，工作不正常。

微软在 ResourceKit 里面提供了一个工具 SYSPREP，其可以在系统中产生一个新的 SID 号。Windows Vista 和 Windows 7 的系统自带该命令。该文件存放的位置为“%sysremroot% \ system32 \ sysprep \ sysprep. exe”。在打开的“sysprep”文件夹窗口中双击 sysprep. exe 程序，如图 6-9 所示（Sysprep 必须使用随 Windows—起安装的版本，且必须始终从“%sysremroot% \ system32 \ sysprep”目录运行）。

弹出系统准备工具窗口，在系统清理操作中选择【进入系统全新体验（OOBE）】，在下方的【通用】前面打钩，通用就是让这次封装的系统能在其他不同硬件的计算机上运行。在关机选项中选择【重新启动】，单击【确定】按钮。

确定以后需要重启，然后安装程序需要重新设置计算机名称、管理员口令等，但是登录的时候还是需要输入原账号的口令。

但是这个工具并不是把所有的账户完全的产生新的 SID，而是针对两个主要的账户 Administrator 和 Guest，其他的账号仍然使用原有的 SID。

第三节　Windows NT 的账户管理

一、Windows NT 的安全账号管理器

用户使用账户登录到系统中，利用账户来访问系统和网络中的资源，所以操作系统的第一道安全屏障就是账号和口令。如果用户使用用户凭据（用户名和口

令）成功通过了登录的认证，之后执行的所有命令都具有该用户的权限。执行代码所进行的操作只受限于运行账户所具有的权限。恶意黑客的目标就是以尽可能高的权限运行代码。

Windows NT 安装时将创建两个账号：Administrator 和 Guest 其他账号自己建立，或者安装某组件时自动产生，用户账号的安全管理使用了安全账号管理（Securiy Account Manager，SAM）机制。SAM 是 Windows NT 系统账户管理的核心，负责 SAM 数据库的控制和维护，是 lsass. exe 进程加载的。SAM 数据库保存在“%systemroot%system32 \ config \ ”目录下的 SAM 文件中，在这个目录下还包括一个 security 文件，是安全数据库的内容，两者的关系紧密。

SAM 用来存储账户的信息，用户的登录名和口令经过 Hash 加密变换后，以 Hash 列表的形式存放在 SAM 文件中。在正常设置下，SAM 文件对普通用户是锁定的，例如，试图做删除或者剪切的操作时，就会出现图 6-11 所示的现象，SAM 文件仅对 system 是可读写的。

SAM 文件中用户的登录名和口令要经过 Hash 加密。Windows NT 中 SAM 的 Hash 加密包括两种方式，分别为 LM（LAN Manager）和 NTLM 的口令散列，其中，LM 口令散列是针对 Windows 9x 的系统，Windows 2000、Windows XP 和 Windows Server 2003 主要使用 NTLM 的口令散列。尽管现在 Windows 的大多数用户不需要 LAN Manager 的支持，但仍计算和存储 LM 口令散列，以保持向后兼容性。Windows Server 2008 不再保存 LM 口令散列。

LM 使用的加密机制比较脆弱，脆弱性主要在于：长的口令被截成 14 个字符，短的口令被填补空格变成 14 个字符，口令中所有的字符被转换成大写，口令被分割成两个 7 个字符的片段。这就意味着口令破解程序只要破解两个 7 个字符长度的口令，而且不用测试小写字符。

熟悉 SAM 的结构可以帮助安全维护人员做好安全检测（当然也可能让不良企图者利用），SAM 数据库位于注册表“HKLM \ SAM \ SAM”下，受到 ACL 保护。可以使用 regedt32. exe 打开注册表编辑器，并设置适当权限查看 SAM 中的内容。

一般入侵者常常通过下面几种方法获取用户的密码口令：口令扫描、Sniffer密码嗅探、暴力破解、社会工程学及木马程序或键盘记录程序等手段。

常用的密码破解工具和审核工具很多，如 Windows 平台口令的 mimikatz、L0phtCrack、WMICracker、SAMInside 等。通过这些工具的使用，可以了解口令的安全性。下面详细介绍这些工具在账户破解和审计中的应用。

二、使用 mimikatz 抓取 Windows 明文密码实验

lsass. exe 是一个本地的安全授权服务，管理 IP 安全策略及启动 ISAKMP/Oakley（IKE）和 IP 安全驱动程序等，并且它会为使用 Winlogon 服务的授权用户生成一个进程。如果授权是成功的，lsass 就会产生用户的进入令牌，令牌使用启动初始的 shell。由用户初始化的其他的进程会继承这个令牌的。在用户登录之后，会生成很多凭证数据并存储在本地安全权限服务的进程（lsass. exe）内存中，其目的是方便单点登录（Single Sign On，SSO）在每次对资源进行访问请求时确保用户不会被提示。凭证数据包括 NTLM 密码哈希、LM 密码哈希（如果密码长度小于 15 个字符），甚至明文密码（以支持其他的 WDigest 和 SSP 认证），这些内容保存在缓存里。

mimikatz 是法国的 Benjamin Delpy（gentilkiwi）写的非常棒的一款渗透测试工具。mimikatz 2. 0 不仅可以直接从 lsass. exe 里获取 Windows 处于 active 状态的账号明文密码，还包括能够获取 kerberos 的登录凭据。

在 mimikatz 工具目录下的 Windows 32 中（实验操作系统是 32 位的）。双击打开该目录下的 mimikatz. exe 工具，输入“privilege：：debug”命令（该命令用于提升工具权限），在升级权限到 system 后，然后在命令行中再输入命令“：sekurlsa：：logonpasswords”（该命令用于抓取密码）。

mimikatz 工具可成功获取本机激活用户的用户名、口令、sid、LMhash、NT-LMhash 及明文密码。

通常你在远程终端中运行该程序会提示“存储空间不足，无法处理此命令”。这是因为在终端模式下，不能插入远线程，跨会话不能注入。需要使用以

下几个文件，才能够在远程终端（mstsc. exe）、虚拟桌面中抓取密码。

- mimikatz_ trunk \ tools \ PsExec. exe
- mimikatz_ trunk \ Win32 \ mimikatz. exe
- mimikatz_ trunk \ Win32 \ sekurlsa. dll

打包后上#至目标服务器，然后解压释放（注意路径中绝对不能有中文，否则加载 DLL 的时候会提示“找不到文件”）。然后，使用以下任何一种方法即可抓取密码。

mimikatz 不仅能获取本机激活用户的用户名、明文密码，还可以列出/导出凭证，甚至可以列出/导出证书。下面就列出一些最流行的 mimikatz 命令及相关功能。

（1）CRYPTO：：Certificates——列出/导出凭证。

（2）KERBEROS：：Golden——创建黄金票证/白银票证/信任票证。

（3）KERBEROS：：List——列出在用户的内存中所有用户的票证（TGT 和 TGS）。

（4）LSADUMP：：SAM——获取 SysKey 来解密 SAM 的项目数据。

因篇幅关系不详细介绍了，大家可以查找相关资料研究。

六、账户安全策略

弱密码很容易被破解，强密码则难以破解。密码破解工具正在不断进步，而用于破解密码的计算机也比以往更为强大。密码破解软件通常使用下面 3 种方法之一：巧妙猜测、词典攻击和自动尝试字符的各种可能的组合。只要有足够的时间，这种自动方法就可以破解任何密码。即便如此，破解强密码也远比破解弱密码困难得多。因此，安全的计算机需要对所有用户账户都使用强密码。

（一）Windows 强密码原则

Windows Server 2003 允许 127 个字符的口令，其中包括 3 类字符。

（1）英文大、小写字母。

（2）阿拉伯数字：0、1、2、3、4、5、6、7、8、9。

（3）键盘上的符号：键盘上所有未定义为字母和数字的字符，应为半角状态。

一般来说，强密码应该遵循以下原则。

（1）口令应该不少于 8 个字符。

（2）同时包含上述 3 种类型的字符。

（3）不包含完整的字典词汇。

（4）不包含用户名、真实姓名、生日或公司名称等。

（二）账户策略

增强操作系统的安全，除了启用强壮的密码外，操作系统本身有账户的安全策略。账户策略包含密码策略和账户锁定策略。在密码策略中，设置增加密码复杂度，提高暴力破解的难度，增强安全性（Windows Server 2008 该策略默认是启用）。配置步骤为：依次选择【运行】→【本地安全策略】→【账户策略】→【密码策略】命令。

针对不同的企业安全需求，Microsoft 公司给出了建议值，如表 6-1 所示。

表 6-1　密码策略设置建议

设置	旧客户端	企业客户端	专用安全-限制功能
强制密码历史	24 个记住的密码	24 个记住的密码	24 个记住的密码
密码最长使用期限	42 天	42 天	42 天
密码最短使用期限	1 天	1 天	1 天
密码长度最小值	8 个字符	8 个字符	12 个字符
密码必须符合复杂性要求	已启用	已启用	已启用
用可还原的加密来储存密码	已禁用	已禁用	已禁用

1. 强制密码历史

Windows Server 2003 SP1 中“强制密码历史”设置的默认值最多为 24 个密码。Microsoft 建议在所有 3 种环境中使用该值，原因是有助于确保旧密码不会连续地重新使用、常见的漏洞与密码重新使用相关联及低值设置，将允许用户持续循环使用数目很小的密码。

要增强此策略设置的有效性，也可以进行“密码最短使用期限”设置，以便密码无法被立即更改。这种组合使用户很难重新使用旧密码，无论是偶然的还是有意的。

2. 密码最短使用期限

此策略设置确定用户更改密码之前该密码可以使用的天数。

“密码最短使用期限”设置的值范围介于 0~999 天，0 允许立即更改密码。此策略设置的默认值为 1 天。

3. 密码最长使用期限

此策略设置定义了破解密码的攻击者在密码过期之前使用该密码访问网络计算机的期限。此策略设置的值范围为 1~999 天。设置配置为 0，意味着密码永不过期。此设置的默认值为 42 天。

定期更改密码有助于防止密码遭破坏。若攻击者有足够的时间和计算功能，就能够破解大多数密码。密码更改越频繁，攻击者破解密码的时间就越少。

“密码最短使用期限”设置必须小于“密码最长使用期限”设置，除非“密码最长使用期限”设置配置为 0（密码永不过期）。如果希望“强制密码历史”设置生效，就将“密码最短使用期限”设置配置为大于 0 的值。如果没有设置“密码最短使用期限”，用户可以循环使用密码，直到重新使用旧的收藏密码。

4. 密码必须符合复杂性要求

如果启用该策略，则密码必须符合以下最低要求。

（1）不得明显包含用户账户名或用户全名的一部分。

（2）长度至少为 6 个字符。

(3) 包含来自以下 4 个类别中的 3 个字符：英文大、小写字母，10 个基本数字 (0~9)，非字母字符（如!、$ 、#、%等）。

在上面的密码策略中加强了密码的复杂度，以及强迫密码的位数，但是并不能够完全抵抗使用字典文件的暴力破解法，还需要制定账户锁定策略。例如，6 次无效登录后就锁定账户，使字典文件的穷举法执行不了。

(三) 重新命名 Administrator 账号

由于 Windows Server 2003 的默认管理员账号 Administrator 已众所周知，所以该账号通常称为攻击者猜测口令攻击的对象。为了降低这种威胁，可以将账号 Administrator 重新命名。

(四) 创建一个陷阱用户

在设置完账户策略后，再创建一个名为“Administrator”的本地用户，将其权限设置成最低，并且加上一个超过 10 位的超级复杂密码。这样可以让 Hacker 忙上一段时间，借此发现入侵企图。

(五) 禁用或删除不必要的账号

应该在计算机管理单元中查看系统的活动账号列表，并且禁用所有非活动账户，特别是 Guest，删除或者禁用不再需要的账户。配置步骤为：执行【开始】→【设置】→【控制面板】命令，弹出文件夹后，双击【管理工具】图标，进入后双击【计算机管理】图标，然后选择目录【系统工具】下的【本地用户和组】，就可以看到系统中所有用户的状态。

七、SYSKEY 双重加密账户保护

Windows NT 设计 SYSKEY 机制保护 SAM 文件。SYSKEY 能对 SAM 文件进行二次加密，工作过程为：当 SYSKEY 被激活后，SAM 中的口令信息在存入注册表之前，需要再次进行一次加密处理。可以说 SYSKEY 使用了一个密钥，这个密

钥能激活 SYSKEY，由用户自己选择保存位置。密钥可以保存在软盘，或在启动时由用户生成（通过用户输入的口令生成），或者直接保存在注册表中（默认情况），可以在这 3 种模式下随意转换。

在【运行】对话框中输入“SYSKEY”，就可以启动加密的窗口。若直接单击【确定】按钮并不会有什么提示，但其实已经完成了对 SAM 文件的二次加密工作。此时并没有设置双重启动密码，在默认情况下选中的项是【系统产生的密码】，并且这个密码保存的默认选项是【在本机上保存启动密码】，也就是说这个密图码直接保存在注册表中。

单击【更新】按钮进入【启动密码】窗口。第一个选项设置了自己的双重启动密码，第二个选项系统产生密码，可以设置密码的保存方式。选中其中的【在软盘上保存启动密码】单选项，此时会提示输入所设定的启动密码，用来验证用户的真实性。接着会提示插入空白的软盘，确定后密码文件保存到软盘上。这样设置完成后，下次启动机器时，首先会提示插入密码软盘，验证成功后才能进入系统。选中【在本机上保存启动密码】单选项，确定后输入刚才设置的启动密码，完毕后启动密码保存到硬盘上，启动时不会再显示启动密码的窗口。

选中【密码启动】单选项后，以后系统启动时，首先会提示输入设置的启动密码。只有启动密码正确后，才会出现用户和密码的输入界面。

利用 SYSKEY 可以很好地加密账号密码数据文件，同时所设置的启动双重密码也可以很好地保护系统安全。这个加密功能一旦启用就无法关闭，除非在启动 SYSKEY 前备份注册表，然后用备份的注册表来恢复当前的注册表。

口令密码应该说是用户最重要的一道防护门，如果密码被破解了，那么用户的信息将很容易被窃取。随着网络黑客攻击技术的增强和提高，许多口令都可能被攻击和破译。这就要求用户提高对口令安全的认识。

第四节 Windows NT 注册表

一、注册表的由来

早期的图形操作系统，如 Windows 3. x，对软硬件工作环境的配置是通过对扩展名为“. ini”的文件进行修改来完成的，但文件管理起来很不方便，因为每种设备或应用程序都要有自己的文件，并且在网络上难以实现远程访问。

为了克服上述问题，在 Windows 95 及其后继版本中，采用“注册表”数据库来统一进行管理，将各种信息资源集中起来，并存储各种配置信息。按照这一原则，Windows 各版本中都采用了将应用程序和计算机系统全部配置信息容纳在一起的注册表，用来管理应用程序和文件的关联、硬件设备说明、状态属性，以及各种状态信息和数据等。注册表的特点如下。

（1）注册表允许对硬件、系统参数、应用程序和设备驱动程序进行跟踪配置，使某些配置的改变可以在不重新启动系统的情况下立即生效。

（2）注册表中登录的硬件部分数据可以支持高版本 Windows 的即插即用特性。当 Windows 检测到机器上的新设备时，就把有关数据保存到注册表中。另外，还可以避免新设备与原有设备之间的资源冲突。

（3）管理人员和用户通过注册表可以在网络上检查系统的配置和设置，使远程管理得以实现。

二、注册表的基本知识

注册表是操作系统的核心与灵魂，Windows 注册表是一个数据库，其中包含了操作系统中的系统配置信息，存储和管理着整个操作系统、应用程序的关键数据，是整个操作系统中最重要的一部分。

（一）注册表数据结构

通过运行 regedit 命令，打开注册表编辑器，看到的就是 Windows NT 注册表中的 5 个根键（也称为主键），图标与资源管理器中文件夹的图标类似，所有的根键都是以“HKEY”作为前缀开头。

注册表是按树状分层结构进行组织的，包括项、子项和项值，子项里面还可以包含子项和项值。

（二）注册表中的键值数据项的类型

在注册表中，键值数据项主要分为 3 种类型：二进制（BINARY）、DWORD 值（DWORD）、字符串值（SZ）。

在注册表编辑器中，将会发现系统以十六进制的方式显示 DWORD 值；字符串值又细分为 REG_ SZ、REG_ EXPAND_ SZ、REG_ MULTI_ SZ，一般用来表示文件的描述、硬件的标识等，通常由字母和数字组成。不同数据类型所占的空间不同。

表 6-2　注册表主要数据类型

类型	类型索引	大小	说明
REG_ BINARY	3	0 至多个字节	可以包含任何数据的二进制对象颜色描述
REG_ DWORD	4	4 字节	DWORD 值
REG_ SZ	1	0 至多个字节	以一个 null 字符结束的字符串
REG_ EXPAND_ SZ	2	0 至多个字节	包含环境变量占位符的字符串
REG_ MULTI_ SZ	7	0 至多个字节	以 null 字符分隔的字符串集合，集合中的最后一个字符串以两个 null 字符结尾

三、根键

WindowsNT 共有 5 个根键，每个负责的内容不同，下面介绍每个根键的内容。

（一）HKEY_ CLASSES_ ROOT

该根键由多个子关键字组成，具体可分为两种；一种是已经注册的各类文件的扩展名；另一种是各种文件类型的有关信息。该根键在系统工作过程中实现对各种文件和文档信息的访问，具体的内容有已经注册的文件扩展名、文件类型、文件图标等。

在注册表内登录的文件扩展名中，一部分是系统约定的扩展名，如“. exe”“com”等；另一部分是由应用程序自定义的扩展名，如“. doc”“. pgp”等。应用程序只有把自定义的扩展名登录到注册表中，系统才能识别和关联使用有关的文档，即只有经过注册的扩展名，系统才能自动关联。

当选中某个扩展名关键字时，在窗口的右窗格中将显示出有关的键值。例如，选中“. txt”时，从其键值可以看出，该扩展名将默认为“txtfile”。

在 HKEY_ CLASSES_ ROOT 根键的【txtfile】项中，也包含了该类型文件的详细信息。移动滚动条可以找到子关键字“txtfile”，选中 txtfile 可以看到其键值默认为“文本文档”，单击【txtfile】左边的“+”，可以看到如图 6-45 所示的树型子项，选择【shell】→【open】—【command】选项，并双击文件时默认调用的 shell 是 notepad. exe（记事本）。

在 HKEY_ CLASSES_ ROOT 主键字下也有一个子项 CLSID，是 ClassID 的缩写，即“分类标识”。对于每个组件类，都需要分配一个唯一表示的代码，即 ID。为了避免冲突，微软使用 GUID（Globally Unique Identifier，全局唯一标识符）作为 CLSID。系统可用这个标识号来识别组件类，其中包含了所有注册文件的组件类标识。因此，也可以通过 CLSID 来查找相关文件的各种信息，如网上邻居的 CLSID 是“208D2C60-3AEA-1069-A2D7-08002B30309D”。

（二）HKEY_ CURRENTJJSER

HKEY_ CURRENT_ USER 是一个指向 HKEY—USERS 结构中某个分支的指针，包含当前用户的登录信息。实际上 HKEY_ CURRENT_ USER 是“HKEY_

USERS \ Default”下面的一部分内容。如果在“HKEY_ USERS \ Default”下面没有用户登录的其他内容，那么这两个根键包含的内容是完全相同的。

（三）HKEY_ USER

HKEY_ USER 包含计算机上所有用户的配置文件，用户可以在这里设置自己的关键字和子关键字。根据当前登录的用户不同，这个根键又可以指向不同的分支部分。不同用户的分支用 SID 号区分开，相应分支部分将映射到 HKEY_ CURRENT_ USER 关键字中。用户根据个人爱好设置的桌面、背景、【开始】菜单程序项、应用程序快捷键、显示字体、屏幕节电设置等信息，均可以在这个关键字中找到。本根键中的大部分设置都可以通过控制面板来修改。如果用户登录到系统中的信息没有预定义的登录项，则采用本根键下面的 Default 子关键字。

（四）HKEY_ LOCAL_ MACHINE

HKEY_ LOCAL_ MACHINE 包含了本地计算机（相对网络环境而言）的硬件和软件的全部信息。当系统的配置和设置发生变化时，该根键下面的登录项也将随之改变。

（1）HARDWARE 子键：该子键下面存放一些有关超文本终端、数学协处理器和串口等信息。

（2）SAM 子键：该子键下面存放 SAM 数据库里的信息，系统自动将其保护起来。

（3）SECURITY 子键：包含了安全设置的信息，同样也让系统保护起来。

（4）SOFTWARE 子键：包含了系统软件、当前安装的应用软件及用户的有关信息。

（5）SYSTEM 子键：该子键存放的是启动时所使用的信息和修复系统时所需的信息，其中包括各个驱动程序的描述信息和配置信息等。

这里主要介绍 SYSTEM 子键下面的 CurrentControlSet 子键，系统在这个子键下保存了当前的驱动程序控制集的信息：Control 和 Services 子键。

①Control 子键：这个子键中保存的是由控制面板中各个图标程序设置的信息。由于控制面板中的各个图标程序可能会把信息写在不同的子键下，所以用户最好不要通过注册表编辑器来修改这些信息，否则容易引起系统死机。

②Services 子键：该子键中存放了 Windows 中各项服务的信息，有些是自带的，有些是随后安装的。在该子键下面的每个子键中存放相应服务的配置和描述信息。

（五）HKEY_ CURRENT_ CONFIG

HKEY_ CURJIENT_ CONFIG 包含了 SOFTWARE 和 SYSTEM 两个子键，也是指向 HKEY_ LOCAL_ MACHINE 结构中相对应的 SOFTWARE 和 SYSTEM 两个分支中的部分内容。本关键字包含的主要内容是计算机的当前配置情况，如显示器、打印机等可选外部设备及其设置信息等，而且这个配置信息均将根据当前连接的网络类型、硬件配置及应用软件的安装不同而有所变化。

四、注册表的备份与恢复

（一）注册表文件

在 Windows NT 中，所有的注册表文件都放在“%systemroot% \ system32 \ config”目录下（注：“%systemroot%”是系统的环境变量）。此文件夹中的每一个文件都是注册表的重要组成部分，对系统有着关键的作用，其中，没有扩展名的文件是当前注册表文件，也是最重要的，主要包括以下几项。

（1）Defualt——默认注册表文件。

（2）SAM——安全账户管理器注册表文件。

（3）Security——安全注册表文件。

（4）Software——应用软件注册表文件。

（5）System——系统注册表文件。

在此目录下，还有一些以 SAV 为扩展名的文件，是上述文件的备份，是最近一次系统正常引导过程中保存的，如表 6-3 所示。WindowsNT 会将以上文件备份到“%systemroot%/repair”目录下，以便在出现故障时修复。

表 6-3 以“. SAV”为扩展名的注册表文件

注册表配置单元	对应的文件名
HKEY_ LOCAL_ MACHINE \ SAM	sam 和 sam. log
HKEY_ LOCAL_ MACHINE \ SECURITY	security 和 security. log
HKEY_ LOCALMACHINE \ SYSTEM	system 和 system. log
HKEYLOCAL_ MACHINE \ SOFTWARE	software 和 software. log
HKEY_ CURRENT_ CONFIG	system 和 system. log
HKEY_ USERS	default 和 default. log

（二）手动备份和恢复注册表文件

一旦注册表受到损坏，将会引发各种故障，甚至导致系统“罢工”。要防止各种故障的发生，或者在已经发生故障的情况下进行恢复，备份和恢复注册表非常重要。可以通过以下几种方法进行备份和恢复。

Windows Server 注册表文件的系统部分存放在“%SystemRoot% \ System32 \ Config”文件夹下，与用户有关的配置文件 Ntuser. dat 和 Ntuser. dat. log 则存放在“%SystemDrive% \ Documents and Settings \ 用户名”文件夹下。手动备份或恢复，就是将这些注册表文件复制到其他地方保存，如果需要恢复，则手动将这些文件复制回来。

需要注意的是，在 Windows NT 正常运行时，不能直接复制这些文件，因为这些注册表文件正在被系统使用，只能在另外一个系统下进行。如果 Windows NT 使用的是 NTFS 文件系统，那么还要求用来备份、恢复注册表文件时使用的操作系统支持 NTFS 文件系统。

（三）用备份工具备份和恢复注册表文件

Windows Server 2003 的备份程序 Ntbackup. exe，是一个兼容性很强的工具，备份过程简单明了，作为常规备份并可随时进行。选择【开始】→【程序】→【附件】→【系统工具】命令，可以打开【备份】工具，或者在【运行】对话框中直接输入“ntbackup”，也可以启动【备份】工具。在【备份】功能启动时，选中备份树中的系统状态，【备份】工具将保存注册表文件、启动系统文件、COM+类数据库、服务器公共共享目录等。备份后的文件以“. bkf’为扩展名。将备份文件置于不经常访问、比较安全的盘。恢复时，直接执行 BKF 文件，向导会提示如何完成整个还原过程。

Windows Server 2008 无法使用 Windows Server 2003 备份程序 Ntbackup. exe 创建的备份文件。如果用户要从 Ntbackup. exe 创建的备份恢复数据，可以下载某个版本的 Ntbackup. exe 到 Windows Server 2008。

Windows Server 2008 提供了 Windows Server Backup 管理单元，依次选择【开始】→【管理工具】→【Windows Server Backup】可进入。它提供一组向导及其他工具，用于对服务器执行备份和恢复操作，主要用于对服务器中选定的文件、文件夹和系统状态执行备份，所以这里不做过多的介绍。

（四）用注册表编辑器备份和恢复注册表

启动注册表编辑器，选择【注册表】→【导出注册表文件】菜单命令，就会弹出一个窗口，选择保存注册表文件的路径和文件名，再单击【保存】按钮就可以了。备份文件以 REG 为扩展名。值得注意的是，此方法并不会备份安全注册表文件和安全账户管理器注册表文件。恢复时，直接双击备份的 REG 文件即可，或在命令行方式下输入“start *. reg”。（注：“ *. reg”为备份的注册表文件名）。

五、注册表的操作

在对注册表进行修改时，常用以下几种操作。

（1）查找注册表中的字符串、值或注册表项。

（2）在注册表中添加或删除项、值。添加工作在【新建】中完成；要删除项、值，单击要删除的项、值，再选【编辑】→【删除】命令即可。

（3）更改注册表中的值，选择【编辑】→【修改】命令。

（4）更新注册表，使设置生效。为了使对注册表的操作生效，需要重新启动系统、刷新桌面来完成。如果修改了与系统相关的内容，一般都需要重新启动系统来使设置生效。如果修改了桌面的信息，直接按 F5 键，或者用鼠标右键单击桌面，在快捷菜单中选择【刷新】命令，桌面会被刷新，使设置生效。

修改注册表后，重新启动系统来使设置生效，花费的时间比较长，尤其是反复做实验的时候，可以不重新启动系统就使设置生效：按【Ctrl+Shift+Esc】组合键，打开 Windows 的任务管理器，在进程列表中结束 explorer 进程，然后执行 Windows 任务管理器中的【文件】→【新任务】（运行）命令，弹出【创建新任务】对话框，在【打开】文本框中输入“explorer”，按【回车】键后资源管理器重新载入，同时修改的注册表也会一并生效。

六、注册表的应用

（一）禁止建立空连接

在默认情况下，任何用户可以通过空连接连上服务器，进而枚举出账号，猜测密码。可以通过修改注册表来禁止建立空连接。下面把 HKEY_ LOCAL_ MACHINE 简写为 HKLM。

（1）Key：HKLM \ System \ CurrentControlSet \ Control \ Lsa \ 。

（2）Name：RestrictAnonymous。

（3）Type：DWORD。

（1）Value：值改成“2”即可。该值默认是 0，这样对建立空连接没有限制；值改成“1”时，可以建立空连接，但是不允许查看 SAM 账户和名称；值改成“2”时，匿名权限不能访问，也就是不能建立空连接。

（二）如何删除管理共享（C＄，D＄……）

可以用 Net Share 命令来删除这些共享，但是机器重新启动后共享会自动出现。这时，可以修改注册表。这些键值在默认情况下在主机上是不存在的，需要自己手动添加。

对于服务群，相关值如下。

（1）Key：HKLM \ System \ CurrentControlSet \ Services \ lanmanserver \ parameters。

（2）Name：AutoShareServer。

（3）Type：DWORD。

（4）Value：0。

对于工作站，相关值如下。

（1）Key：HKLM \ System \ CurrentControlSet \ Services \ lanmanserver \ parameters。

（2）Name：AutoShareWk。

（3）Type：DWORD。

（4）Value：0。

（三）预防 BackDoor、木马的破坏

这时，相关值如下。

（1）Key：HKLM \ Software \ Microsoft \ Windows \ CurrentVersion \ 。

（2）Name：Run、RunServices。

（3）Value：删除不必要的自启动程序对应的键值。有些程序也可能藏在“Run”项下的【SysExpl】子项下。如果有该子项，将其中的键值删除，同样也能取消自启动程序。

（四）更改终端服务默认的 3389 端口

终端服务是 WindowsNT 提供允许用户在一个远端的客户机执行服务器上的

应用程序或对服务器进行相应的管理工作。终端服务器默认开启 3389 端口，许多黑客利用该默认的设置，很容易进入一些系统。因此，用到终端服务时，可以更改默认的开启端口。相关值如下。

（1）Key：HKLM \ System \ CurrentControlSet \ Control \ TerminalServer \ Wds \ Repwd \ Tds \ Tcp。

（2）Name：PortNumber。

（3）Type：DWORD。

（4）Value：默认的是 0xd3d（十六进制，十进制是 3389），改为自己需要的值。这个值是 RDP（Remote Desktop Protocol，远程桌面协议）的默认值，用来配置以后新建的 RDP 服务的开启端口。

下面还要改已经建立的 RDP 服务，相关值如下。

（1）Key：HKLM \ System \ CurrentControlSet \ Control \ TerminalServer \ WinStations \ Rdp-tcp（2）Name：PortNumber

（3）Type：DWORD

（4）Value：与上面的值一致。

（五）创建隐藏账户

运用注册表结合 cmd 命令可以创建隐藏的账户，可以用于远程登录。

首先在命令行界面下创建账户。

命令行界面中查看账户 root $。看不到新建的用户，说明在命令行方式下账户是隐藏的。但在服务管理器组中可以看到。

然后把 root $ 加入 administrators 组里，打开注册表。找到“HKEY_ LOCAL _ MACHINE \ \ SAM \ \ SAM”键，会发现下面的内容为空。这只是因为我们的权限不够。需要手工设置更改注册表权限。单击【sam】下的【sam】右键进行权限设置。在弹出的【SAM 的权限】对话框中设置【administrator】为“完全控制”。

展开“HKEY _ LOCAL _ MACHINE/SAM/SAM”下面的键值，并导出

“000003E9” 的键值。

然后在命令行或计算机管理中删除新建的用户 root $ 。

此时注册表中新建用户 root $ 也被删除，新建用户 root $ 已经从 administrators 组中移除了。在服务器管理里面也看不到该账户。

再双击刚才导出的“000003E9” 的键值的注册表文件。

现在无论用命令行还是在服务器管理中都看不到 root $ 账户。但是可以用 root $ 账户进行身份验证了，至此隐藏账户建好。

修改注册表的最终手段是修改键值，键值可能是字符串，也可能是数值。一般地，字符串与显示信息相关，如果键值不合适，还不致产生严重后果。而数值的键值往往是系统运行时某部分的参数，有软件方面的，也有硬件方面的。例如，回收站中允许容纳的最大文件数、菜单延迟的时间值等属于软件方面的参数；显示器刷新频率就属于硬件方面的参数，如果显示卡不支持 85Hz 的刷新频率，而在注册表中强行设置为 85Hz，将引起严重后果，甚至烧坏板卡，因此，不清楚的地方不要盲目改动。

七、注册表的权限

（一）注册表的权限

类似于文件或文件夹的访问控制，Windows NT 为注册表提供了访问控制的功能，可以为用户或组分配注册表预定义项的访问权限，详见表 6-4。

表 6-4　Windows Server 2003 注册表权限的详细内容

权限	描述
查询数值	允许某用户或组从注册项中读取数值
设置数值	允许某用户或组在注册项中设置数值
创建子项	允许某用户或组在给定的注册项中建立子项

续　表

权限	描述
枚举子项	允许某用户或组识别某注册项的子项
通知	允许某用户或组从注册表的项中审计通知事件
创建链接	赋予用户或组在特定项中建立符号连接的权限
删除	允许用户或组删除选定的项
写入 DAC	允许用户或组获得将目录访问控制列表写入注册表项的权限，这是一种有效的更改权限
写入所有者	允许用户或组具有夺取注册表项的拥有权的权限
读取控制	允许用户或组获得访问选定注册表项的安全信息

在注册表编辑器中，选择某个键值，然后单击鼠标右键，选择快捷菜单中的【权限】命令，再单击【高级】按钮。这里可以编辑某个键值的具体权限。

掌握了每个权限的详细内容后，就可以根据企业安全的需要对注册表进行权限设置。

（二）预防对 Windows NT 的远程注册表扫描

在默认状态下，Windows NT 的远程注册表访问路径不为空，因此黑客能利用扫描器很轻松地通过远程注册表访问到系统中的相关信息。为了安全起见，应该将远程可以访问到的注册表路径全部清除，以便切断远程扫描通道：选择【开始】→【管理工具】→【本地安全策略】命令，打开【组策略编辑器】窗口，然后展开【本地策略】→【安全选项】，双击【网络访问：可远程访问的注册路径和子路径】项目，在随后打开的对话框中，将远程可以访问到的注册表路径信息全部清除。

八、注册表的维护工具

Windows 的注册表实际上是一个很庞大的数据库，包含了系统初始化、应用程序初始化信息等一系列 Windows 运行信息和数据。在一些不需要的软件卸载后，Windows 注册表中有关已经卸载的应用程序参数往往不能清除干净，会留下大量垃圾，使注册表逐步增大，以致臃肿不堪。手动清理注册表是一件烦琐的事，并且很危险。可以使用注册表清理软件，非常方便。注册表清理软件多种多样，如 Microsoft 编写的 RegCleaner、超级兔子、Active Registry Monitor 等。下面以 RegCleaner 为例介绍注册表的清理，该软件小巧、简单而且好用，启动程序后就会检查注册表。

（一）运行 RegCleaner

运行 RegCleaner 的方法非常简单，只要双击 RegCleaner 图标，就会弹出一个 RegCleaner 对话框，接下来会自动对注册表进行分析，并检查注册表中的错误。

RegCleaner 分析 Windows 系统注册表中记录的各种设置项，包括软件、启动列表等，并且可以查找其中出错的键码，将这些键码出错信息存储在“Undo. Reg”文件中。然后，RegCleaner 将这些键码从 Windows 注册表中删除，完成注册表的彻底清理。

（二）清理注册表

在 RegCleaner 的【工具】菜单中，包括了主要的清理功能，其中，【OCX 工具】用来处理 OCX 控件，如查看 CLSID 及 CLSID 的转换。

【注册表清理】可以完成注册表自动清理功能。

选择【注册表自动清理】命令会弹出另一个对话框，进行注册表分析。分析完毕后，在【选择】菜单中按需要选择删除的内容，会自动修理注册表。

为了防止注册表自动清理后系统运行不正常，RegCleaner 会在所在目录下创建出一个备份文件，文件名为“yyyymmddhhmmss. REG”，可以恢复注册表。

第五节　Windows NT 常用的系统进程和服务

一、进程

进程是操作系统中最基本、最重要的概念。进程为应用程序的运行实例，是应用程序的一次动态执行。可以简单地理解为：进程是操作系统当前运行的执行程序。程序是指令的有序集合，本身没有任何运行的含义，是一个静态的概念。而进程是程序在处理机上的一次执行过程，是一个动态的概念。

对应用程序来说，进程就像一个大容器。在应用程序被运行后，就相当于将应用程序装进容器里，可以往容器里添加其他东西（如应用程序在运行时所需的变量数据、需要引用的 DLL 文件等）。当应用程序被运行两次时，容器里的东西并不会被倒掉，系统会找一个新的进程容器来容纳。

一个进程可以包含若干线程（Thread），线程可以帮助应用程序同时做几件事（例如，一个线程向磁盘写入文件，另一个则接收用户的按键操作，并及时做出反应，互相不干扰）。在程序被运行后，系统首先要做的就是为该程序进程建立一个默认线程，然后程序可以根据需要自行添加或删除相关的线程。

进程可以简单地理解为运行中的程序，需要占用内存、CPU 时间等系统资源。Windows 支持多用户多任务，也就是说系统要并行运行多个程序。为此，内核不仅要有专门代码负责为进程或线程分配 CPU 时间，还要开辟一段内存区域，用来存放记录这些进程详细情况的数据结构。内核就是通过这些数据结构知道系统中有多少进程及各进程的状态等信息的。换句话说，这些数据结构就是内核感知进程存在的依据。因此，只要修改这些数据结构，就能达到隐藏进程的目的。

二、Windows NT 常用的系统进程

一般通过 Windows 系统的任务管理器来查看进程，能够提供很多信息，如现在系统中运行的进程、PID、内存情况等。

进程是操作系统进行资源分配的单位，用于完成操作系统各种功能的进程就是系统进程。系统进程又可以分为系统的关键进程和一般进程。

（一）系统的关键进程

在 Windows NT 中，系统的关键进程是系统运行的基本条件。有了这些进程，系统就能正常运行。系统的关键进程列举如下。

1. System Idle Process

该进程也称为“系统空闲进程”。这个进程作为单线程运行在每个处理器上，是在 CPU 空闲的时候发出一个 Idle 命令，使 CPU 挂起（暂时停止工作），可有效地降低 CPU 内核的温度，在操作系统服务里面，都没有禁止该进程的选项；默认是占用除了当前应用程序所分配的 CPU 百分比之外的所有占用率；一旦应用程序发出请求，处理器会立刻响应。在这个进程里出现的 CPU 占用数值并不是真正的占用，而是体现的 CPU 的空闲率。也就是说，这个数值越大，CPU 的空闲率就越高；反之，CPU 的占用率越高。

2. System

System 是 Windows 系统进程（该进程号 PID 最小），是不能被关掉的，控制着系统 Kernel Mode 的操作。如果 System 占用了 100%的 CPU，那就表示系统的 Kernel Mode 一直在运行系统进程，负责 Windows 页面内存管理进程。没有 System 系统无法启动。

3. smss. exe

Session Manager 是一个会话管理子系统，负责启动用户会话。这个进程用以初始化系统变量，并且对许多活动的（包括已经正在运行的 Winlogon、csrss. exe）进程和设定的系统变量做出反应。

4. csrss. exe

csrss. exe 是 Windows 操作系统的客户端/服务端运行时的子系统。该进程管理 Windows 图形的相关任务。csrss 用于维持 Windows 的控制，创建或者删除线程和一些 16 位的虚拟 MS-DOS 环境。该进程崩溃系统会蓝屏。

5. winlogon. exe

这个进程是管理用户登录的，而且 Winlogon 在用户按【Ctrl+Alt+Del】组合键时被激活，显示安全对话框。

6. services. exe

services. exe 是 Windows 操作系统的一部分，用于管理启动和停止服务。该进程也会处理在计算机启动和关机时运行的服务。这个程序对系统的正常运行是非常重要的。

7. lsass. exe

这是一个本地的安全授权服务，并且会为使用 Winlogon 服务的授权用户生成一个进程。这个进程是通过使用授权的包，如默认 msgina. dll 来执行的。如果授权是成功的，lsass 就会产生用户的进入令牌。令牌使用启动初始的 shelU 其他由用户初始化的进程会继承这个令牌。该进程崩溃会系统倒计时关机。

8. svchostexe

在启动的时候，svchost. exe 检查注册表中的位置来构建需要加载的服务列表。多个 svchost. exe 可以在同一时间运行；每个 svchost. exe 的会话期间都包含一组服务，单独的服务必须依靠 svchostexe 获知怎样启动和在哪里启动。

9. explorer. exe

explorer. exe 是桌面进程。

10. spoolsv. exe

管理缓冲池中的打印和传真作业。

（二）系统的一般进程

系统的一般进程不是系统必要的，可以根据需要通过服务管理器来增加或减少，简要的介绍如表 6-5 所示。

表 6-5　系统的一般进程

进程名称	简要描述
internat. exe	托盘区的拼音图标
mstask. exe	允许程序在指定时间运行
regsvc. exe	允许远程注册表操作，【系统服务】->【remoteregister】
winmgmt. exe	提供系统管理信息（系统服务），是 Windows Server 2003 客户端管理的核心组件。当客户端应用程序连接或当管理程序需要本身的服务时，这个进程初始化
inetinfo. exe	msftpsvc，w3svc，iisadmn
rundll32. exe	Windows Rundll32 为了需要调用 DLLs 的程序

三、进程管理实验

打开系统进程列表来查看哪些进程正在运行。通过进程名及路径判断和比较是否有病毒是一种常规工作。如果怀疑是病毒进程，只要记下进程名，结束该进程，然后删除该程序即可。Windows 系统的任务管理器中看不到进程的具体路径，只能看到进程的名称。但是，有些病毒、木马等的进程采用和系统进程一样或者相似的名称。这时就很难判断出哪个是正常的进程。例如，如果一个恶意的攻击者把木马命名为“svchost. exe”或“dllhost. exe”，这就要求用户掌握进程的详细信息，如进程的具体路径、进程的模块信息，以及相关端口的情况等。

进程的具体路径在 Windows 系统的正在运行的任务里面可以看到，方法是依次选择【开始】→【程序】→【附件】→【系统工具】→【系统信息】→【软件环境】→【正在运行任务】命令。

上面看到的信息还不够详细，可以用其他工具软件查看更详细的信息，IceSword 软件就是一个很好的工具软件。IceSword 适用于 Windows 2000/XP/Server 2003 操作系统及使用 32 位的 x86 兼容 CPU 的系统，运行需要管理员权限。IceSword 直接读取内核文件（ntoskrnl. exe），然后分析 ntoskrnl. exe 的 PE 结构来获取关键系统函数的原始代码，并且把当前内核中所有的关键系统函数还原为 Windows 默认状态。这样就防止一些关键系统函数（包括所有服务中断表中的函数以及 IceSword 驱动部分要使用到的一些关键函数）被假冒。

（一）IceSword【查看】中的操作

IceSword 利用内核线程调度结构来查询进程，可以查出所有的隐藏进程。IceSword 界面左侧包括【查看】【注册表】【文件】3 项。【查看】里面包括进程、端口等。

单击【进程】按钮，在右部列出的进程中，隐藏的进程会以红色醒目地标记出来，以便查找隐藏自身的系统级后门。

选中某进程后，单击鼠标右键，在弹出的菜单中，有【刷新列表】【结束进程】【线程信息】【模块信息】【内存读写】命令。IceSword 的进程杀除功能强大且方便，可以轻易地将选中的多个进程一并杀除（除 idle 进程、System 进程、csrss 进程之外）。当然，如果将 Winlogon 杀掉，系统就会崩溃；关闭 csrss. exe 进程，系统会蓝屏、重启；关闭 lsass. ex 进程系统，系统会倒计时关机。其中的【强制终止】是危险的操作，对一个线程只应操作一次，否则系统可能崩溃。还可以看到 explorer 进程的模块信息。

【查看】中【端口】的情况，前 4 项与 netstat -an 类似，后两项是打开该端口的进程。【进程 ID】中出现 0 值，是指该端口已关闭。

【查看】里的【内核模块】内核模块即当前系统加载的核心模块，如驱动程序，主要是 ntoskrnl. exe、3 个 DLL 文件和驱动程序“ * . sys”。

【查看】里的【启动组】是两个 Run 子键的内容。

【查看】里的【服务】用于查看系统中被隐藏的或未隐藏的服务，隐藏的服务以红色显示。

IceSword 的服务功能主要是查看木马服务的。例如，svchost 是一些共享进程服务的宿主，有些木马以 DLL 存在，依靠 svchost 运作，要找出这些木马，首先看进程一栏，发现 svchost 过多，记住 PID，到【服务】一栏中，就可以找到 PID 对应的服务项，配合注册表查看 DLL 文件路径（由服务项的第一栏所列名称到注册表的 Services 子键下找对应名称的子键)，根据是不是系统的服务项，很容易发现异常项，然后停止任务或结束进程、删除文件、恢复注册表等。

【监视进线程创建】进线程的创建记录保存在一个循环缓冲中，在 IceSword 运行期间才进行记录，可以用来发现木马后门创建了什么进程和线程。

【查看】里还有【SPI】【BHO】【SSDT】【消息钩子】，这里不再介绍。

(二) IceSword 注册表中的操作

IceSword 的注册表与 Regedit 用法类似，与 Regedit 不同的是：用户有权限打开与修改任何子键，包括 SAM 子键。

(三) IceSword 文件中的操作

IceSword 的文件操作与资源管理器类似，但只提供文件删除、复制的功能，其特点是防止文件隐藏；同时可以修改已打开文件（通过复制功能，将复制的目标文件指定为那个已打开文件即可)；可以强制删除任何文件（包括系统文件)，对于某些在资源管理器里不能删除的病毒文件，可以用 IceSword 强制删除。另外，对安全的副作用是：本来“system32 \ config \ SAM”等文件是不能复制也不能打开的，但 IceSword 是可以直接复制的，不过只有管理员能运行 IceSword。

(四) IceSword【文件】菜单中的操作

【文件】菜单中有【重启并监视】【创建进程规则】【创建线程规则】等命令。

IceSword 设计为尽量不在系统上留下什么安装痕迹，不方便监视开机就自启的程序。例如，一个程序运行后向 explorer 等进程远线程注入，再结束自身，这样查进程很不方便，因为仅有线程存在。这时，可以使用【重启并监视】功能，监视系统启动时的所有进线程创建，可轻易发现远线程注入。

【创建进程规则】用来设置创建进线程时的规则。需要注意的是，同时满足才算匹配这条规则；“规则号”是从零开始的，假设当前有 n 条规则，添加规则时输入零规则号，即代表在队头插入，输入 n 规则号则在队尾插入；如果前面一条规则已经匹配，那么所有后面的规则被忽略，系统直接允许或禁止这次创建操作。下面试举两个例子。

1. 禁止 calc. exe 的运行

执行【创建进程规则】→【添加规则】命令，弹出【添加进程规则】对话框。需要注意的是，一条规则中文件名和路径名只能填一个。

2. 禁止向 explorer. exe 注入线程

首先查到 explorer. exe 进程的 PID，然后添加两条进程规则。第一条允许 explorer 在自己的进程内创建线程，目标进程为 explorer. exe，源进程也为 explorer. exe。第二条禁止所有进程在 explorer 中创建线程。第一条必须在前面。

四、Windows NT 的系统服务

（一）什么是系统服务

在 Windows NT 系统中，服务是指执行指定系统功能的程序、例程或进程，以便支持其他程序，尤其是低层（接近硬件）程序。通过网络提供服务时，服务可以在 Active Directory（活动目录）中发布，从而促进了以服务为中心的管理和使用。

服务是一种应用程序类型，在后台长时间运行，不显示窗口。服务应用程序通常可以在本地和通过网络为用户提供一些功能，如客户端/服务器应用程序、Web 服务器、数据库服务器及其他基于服务器的应用程序。

（二）配置和管理系统服务

与系统注册表类似，对系统服务的操作可以通过服务管理控制台来实现。在 Windows NT 以管理员或 Administrators 组成员身份登录，选择【开始】→【运行】命令，在出现的对话框中输入“Services. msc”并按【回车】键，即可打开

服务控制台。也可以通过【开始】→【控制面板】→【性能和维护】→【管理工具】→【服务】命令来启动该控制台。Windows Server 2008 中是【开始】→【管理工具】→【服务器管理器】→【配置】→【服务】命令。

在服务控制台中，双击任意一个服务，即可打开该服务的属性对话框。在这里，可以对服务进行配置、管理操作，通过更改服务的启动类型来设置满足自己需要的启动、关闭或禁用服务。

在【常规】选项卡中，【服务名称】是指服务的“简称”，并且也是在注册表中显示的名称；【显示名称】是指在服务配置界面中每项服务显示的名称；【描述】是为该服务进行的简单解释；【可执行文件的路径】是该服务对应的可执行文件的具体位置；【启动类型】是整个服务配置的核心，对于任意一个服务，通常都有 3 种启动类型，即“自动”“手动”和“已禁用”，只要从下拉列表中选择，就可以更改服务的启动类型。3 种不同类型的启动状态如下。

(1) 自动：此服务随着系统启动时启动，将延长启动所需要的时间，有些服务是必须设置为“自动”的，如 Remote Procedure Call（RPC，远程过程调用协议）。由于依存关系或其他影响，所以其他一些服务也必须设置为服务最好不要去更改，否则系统无法正常运行。

(2) 手动：如果一个服务被设置为“手动”，那么可以在需要时再运行。这样可以节省大量的系统资源，加快系统启动。

(3) 已禁用：此类服务不能再运行。这个设置一般在提高系统安全性时使用。如果怀疑一个陌生的服务会给系统带来安全上的隐患，可以先尝试停止，查看系统是否能正常运行。如果一切正常，就可以直接禁用。如果以后需要这个服务，在启动之前，必须先将启动类型设置为“自动”或“手动”。

“依存关系”是指出运行选定服务所需的其他服务及依赖于该服务的服务。底端列表指出了需要运行选定服务才能正确运行的服务。这说明一些服务并不能单独运行，必须依靠其他服务。在停止或禁用一个服务之前，一定要查看这个服务的依存关系，如果有其他需要启动的服务依靠这个服务，就不能将其停止。在停止或禁用一个服务前，清楚了解该服务的依存关系是必不可少的步骤。

“服务状态”是指服务的现在状态是启动还是停止，通常，可以利用下面的【启动】【停止】【暂停】【恢复】按钮来改变服务的状态。

SC 命令是 Windows 系统中功能强大的 DOS 命令，SC 用于与服务控制管理器和服务进行通信，可以使用 sc. exe 来测试和调试服务程序。

常用命令格式及命令的相关注释如下。

（1）sc query 服务名：查看一个服务的运行状态（如果服务名中间有空格，需要加引号）。

（2）sc qc 服务名：查看一个服务的配置信息。

（3）sc star 服务名：启动一个服务。

（4）sc stop 服务名：停止一个服务。

（2）sc 服务名 config start=disabled：禁止一个服务。

（三）紧急恢复

如果启用或禁用服务及启动计算机时遇到问题，就可以在安全模式下启动计算机，然后可以更改服务配置或者恢复默认设置。紧急恢复出现在禁用了一项系统必需服务后，既不能稳定工作，也不能在安全模式下再次通过管理工具来启动服务的情况。这时候需要对注册表进行修改，使系统恢复工作。

在注册表编辑器中，找到“HKEYJLOCAL_ MACHINE \ SYSTEM \ Current-ControlSet \ Services”主键，再选择具体的服务名称（这里的键值为服务名称），可以看到右边有一个“Start”字串，其值（双字节）就表示了服务的启动类型：4 表示已禁用；3 表示手动；2 表示自动。

（四）优化服务

采用 NT 核心的 Windows 操作系统默认开启了许多系统服务，有些系统服务并不是必需的，却占用了相当一部分内存资源，这对于内存资源紧张的用户来说是不可容忍的，并且有一些服务的开启还对计算机构成了安全威胁。下面借助系统服务终结者软件对服务进行优化配置。

系统服务终结者提供了多种服务优化配置方案，选择【优化】→【快速配置】命令，可以按照自己的要求选择。

另外，可以根据自己的要求创建自定义的服务优化配置，选择【优化】→【优化向导】命令，按照向导的建议对每一个服务进行设置。

系统服务终结者还提供了安装系统服务的功能，可以把某些程序作为服务安装。

通过【文件】→【导出】命令，可以将本机的服务配置导出备份，以便恢复，再通过【文件】→【导入】命令就可以恢复。

五、Windows NT 的系统日志

Windows NT 自带了相当强大的安全日志系统，从用户登录到特权的使用，都有非常详细的记录。Windows Server 2003 的日志有应用程序日志、安全日志、系统日志。通过【开始】→【管理工具】→【事件查看器】命令可以看到日志文件。

系统日志记录启动的和失败的服务、系统关闭和重新启动。应用程序日志是当个别的应用程序与操作系统相互作用时，记录其操作。安全日志记录登录行为、访问和修改用户权限的事件等。平时看到的安全日志中的内容是空的，是因为用户没有设置相应的安全审核策略。

在 Windows Server 2003 系统中，有安全审核策略，但默认是关闭的，需要手动在安全策略中打开。

激活此功能有利于管理员很好地掌握机器的状态，有利于系统的入侵检测。可以从日志中了解到系统是否在被人攻击、是否有非法的文件访问等。在设置审核时，要注意以下两点：一是审核的对象，二是审核的方式。

（1）审核策略更改：这将对与计算机上 3 个策略之一的更改相关的每个事件进行审核。这些政策区域包括用户权利分配、审计策略、信任关系。

（2）审核登录事件：这将对与登录到、注销或者网络连接到（配置为审计登录事件的）电脑的用户相关的所有事件进行审核。一个很好的例子就是，当这

些事件日志记录的时候，恰好是用户使用域用户账户交互地登录到工作站的时候，这样就会在工作站生成一个事件，而不是在执行验证的域控制器上生成。从根本上讲，追踪事件是在尝试登录的位置，而不是在用户账户存在的位置。

（3）审核对象访问：当用户访问一个对象的时候，审核对象访问会对每个事件进行审计。对象内容包括文件、文件夹、打印机、注册表项和 AD 对象。在现实中，任何有系统访问控制列表（System Access Control List，SACL）的对象都会被涵盖到这种类型的审核中。就像对目录访问的审计一样，每个对象都有自己独特的 SACL，语序对个别对象进行有针对性的审核。默认没有任何对象是启用审核，一旦建立了该设置，对象的 SACL 就被配置了，对尝试登录访问该对象时，就开始出现日志表项。除非特别需要对某些资源进行追踪访问，否则通常是不会配置这种级别的审核。在高度安全的环境中，这种级别的审核通常是启用的，并且会为审核访问配置很多资源。

（4）审核过程追踪：这将对与计算机中的进程相关的每个事件进行审核，这将包括程序激活、进程退出、处理重叠和间接对象访问。这种级别的审计将会产生很多事件，并且只有当应用程序正在因为排除故障的目的被追踪的时候才会配置。

（5）审核目录服务访问：确定是否审核用户访问那些指定自己的系统访问控制列表的 Active Directory 对象的事件。

（6）审核特权使用：与执行由用户权限控制的任务的用户相关的每个事件都会被审核，用户权利列表是相当广泛的，如在【本地安全策略-用户权限分配】中的项目。

（7）审核账户登录事件：每次用户登录或者从另一台计算机注销的时候，都会对该事件进行审核，计算机执行该审核是为了验证账户。关于这一点最好的例子就是，当用户登录到他们的 Windows XP Professional 计算机上，总是由域控制器来进行身份验证。由于域控制器对用户进行了验证，就会在域控制器上生成事件。

（8）审核系统事件：与计算机重新启动或者关闭相关的事件都会被审核，

与系统安全和安全日志相关的事件同样也会被追踪（当启动审计的时候）。这是必要的计算机审核配置，不仅当发生的事件需要被日志记录，而且当日志本身被清除的时候也有记录。

（9）审核账户管理：该安全设置确定是否审核计算机上的每一个账户管理事件。账户管理事件的例子包括：创建、更改或删除用户账户或组；重命名、禁用或启用用户账户；设置或更改密码。

一般来说，账户登录与账户管理是大家最关心的事件，同时打开成功和失败审核非常必要，其他审核也要打开失败审核。也可以对重要的文件加以严格审核，可以审核到哪些人什么时间使用了该文件，做了什么操作等。然后在“C：\ i386”文件夹中新建一个文件夹，再删除该文件夹，按照上面的审核策略，在安全日志中就能看到相关的内容。

在本地安全设置中还有用户权利指派和其他安全设置，也需要认真查看里面的功能，进行合理的配置，这里不再详细地介绍。

对于日志的分析，应注意时间、地点和行为的关系，根据行为的严重性来判断。要特别注意的是，多数日志是不能记录来访人的 IP 地址的，只能记录下来访人的计算机名，所以应该将多个日志结合分析，以便得到有效的证据。

仅仅打开安全审核并没有完全解决问题，如果没有很好地配置安全日志的大小及覆盖方式，一个老练的入侵者就能够通过洪水般的伪造入侵请求覆盖真正的行踪。通常情况下，将安全日志的大小指定为 50MB 并且只允许覆盖 7 天前的日志，可以避免上述情况的发生。

应用程序日志、安全日志、系统日志文件默认位置为“%systemroot% \ system32 \ conflg”，默认文件大小为 512kB，管理员都会改变这个默认大小。还应该更改这些默认位置，如果网络规模比较大，而且条件许可，单独使用一台日志服务器，便于日志文件的保存、分析。

另外，可能会根据服务器所开启的服务不同，产生 FTP 日志、WWW 日志等。因特网信息服务的 WWW 日志默认位置为“%systemroot% \ system32 \ logfiles \ w3svcl \ ”，FTP 日志默认位置为“%systemroot% \ system32 \ logfiles \ msftpsvcl \ ”，默认每天一个日志，这里不作详细地介绍。

第六节　Windows Server 系统的安全模板

一、安全模板概述

（一）安全模板的意义

安全模板是由 Windows Server 2003 支持的安全属性的文件（扩展名为“. inf’）组成的。安全模板将所有的安全属性组织到一个位置，以简化安全性管理。安全模板包含安全性信息账户策略、本地策略、事件日志、受限组、文件系统、注册表、系统服务等 7 类内容。安全模板也可以用作安全分析。通过使用安全模板管理单元，可以创建对网络或计算机的安全策略。安全模板是代表安全配置的文本文件，可将其应用于本地计算机、导入到组策略，或使用其来分析安全性。

（二）预定义安全模板

预定义的安全模板是作为创建安全策略的初始点而提供的，相关策略都经过自定义设置，以满足不同的组织要求。可以使用安全模板管理单元对模板进行自定义设置。一旦对预定义的安全模板进行了自定义设置，就可以利用这些模板配置单台或数千台的计算机。可以使用安全配置和分析管理单元、Secedit. exe 命令提示符工具，或将模板导入本地安全策略而配置单台计算机。在 Windows Server 2003 中的预定义安全模板如下。

1. 默认安全设置模板（Setup security. inf）

Setup security. inf 是一个针对特定计算机的模板，代表在安装操作系统期间所应用的默认安全设置，其设置包括系统驱动器的根目录的文件权限，可将该模板或一部分用于灾难恢复目的。

2. 兼容模板（compatws. inf）

工作站和服务器的默认权限主要授予3个本地组：管理员、高级用户和用户。管理员享有最高的权限，而用户的权限最低。不要将兼容模板应用到“域控制器”。

3. 高级安全模板（hisec＊. inf）

高级安全模板是对加密和签名进行进一步限制的安全模板的扩展集。这些加密和签名是进行身份认证和保证数据通过安全通道，以及在SMB客户机和服务器之间进行安全传输所必需的。例如，安全模板可以使服务器拒绝LAN Manager的响应，高级安全模板则可以使服务器同时拒绝LAN Manager和NTLM的响应。安全模板可以启用服务器端的SMB（Server Message Block，服务器信息块）信息包签名，高级安全模板则要求这种签名。此外，高级安全模板要求对安全通道数据进行强力加密和签名，从而形成域到成员和成员到域的信任关系。

高级安全模板细分为Hisecws. inf和Hisecdc. inf，其中，Hisecws. inf一般应用到普通服务器。

4. 安全模板（Secure＊. inf）

安全模板定义了至少可能影响应用程序兼容性的增强安全设置。例如，安全模板定义了更严密的密码、锁定和审核设置。此外，安全模板限制了LAN Manager和NTLM身份认证协议的使用，其方式是将客户端配置为仅可发送NTLMv2响应，而将服务器配置为可拒绝LAN Manager的响应。安全模板细分为“Securews. inf应用于成员计算机”和“Securews. inf应用于服务器”。

5. 系统根目录安全模板（Rootsec. inf）

Rootsec. inf可以指定由Windows Server 2003所引入的新的根目录权限。默认情况下，Rootsec. inf为系统驱动器根目录定义这些权限。如果不小心更改了根目录权限，则可以利用该模板重新应用根目录权限，或者通过修改模板对其他卷应用相同的根目录权限。正如所说明的那样，该模板并不覆盖已明确定义在子对象上的权限，只是传递由子对象继承的权限。

执行【开始】→【运行】命令，输入“mmc. exe”，然后单击【确定】按钮打开控制台。单击【添加/删除管理单元】按钮，把【安全模板】添加到控制台里。双击【安全模板】选项，可以看到几个预定义的安全模板，这些模板保存在“%Systemroot% \ Security \ Templates”里，用户名也可以创建包含安全设置的自定义安全模板。

Windows Server 2008 中“%Systemroot% \ Security \ Templates”里的模板默认是空的，我们可以从网上下载，或者选用保存好的安全模板，通过【新加模板搜索路径】找到文件。

二、安全模板的使用

双击要修改的安全策略，如双击【文件系统】，根据制定的文件系统安全策略，可以针对不同的用户进行权限设置。

完成修改后，用鼠标右击已修改的安全配置模板的名称，然后选择【另保存】命令，新建一个模板。

三、安全配置和分析

（一）“安全配置和分析”工具介绍

“安全配置和分析”是分析和配置本地系统安全性的一个工具。计算机上的操作系统和应用程序的状态是动态的。例如，可能需要临时性地更改安全级别，以便能够立刻解决管理或网络问题。然而，经常无法恢复这种更改，这意味着计算机不能再满足企业安全性的要求。常规分析作为企业风险管理程序的一部分，允许管理员跟踪并确保在每台计算机上有足够的安全级。“安全配置和分析”能够快速复查安全分析结果。在当前系统设置的旁边提出建议，用可视化的标记或注释突出显示当前设置与建议的安全级别不匹配的区域。

（二）安全数据库

通过使用“安全配置和分析”管理单元，利用个人数据库，可以导入由

"安全模板"功能创建的安全模板，可以通过将模板导入安全设置，很方便地配置多台计算机，也可以将安全模板作为分析系统潜在安全漏洞或策略侵犯的基础。

安全数据库：安全配置引擎是由数据库驱动的，不知道安全模板的存在，因此，在配置、分析一个系统之前，必须把模板导入数据库。

如果还未设置一台工作数据库，选择【打开数据库】命令以设置一台工作数据库。输入新数据库的名称，以".sdb"为扩展名，然后单击【打开】按钮，找到安全配置模板，并将其选中，选中【导入之前清除这个数据库】复选项，并单击【打开】按钮。

用鼠标右键单击【安全配置和分析】选项，然后选择【立即配置计算机】命令，弹出一个窗口，显示错误日志文件的路径，然后单击【确定】按钮。

（三）查看分析结果

在"安全配置和分析"节点中，展开"本地策略"节点，选中"安全选项"。右边的窗口显示每个对象的数据库设置和实际系统设置。红色表示不一致的地方，绿色表示一致的地方。没有标记或检查记号表明导入的模板（数据库）中对该项安全设置没有配置。

双击每个对象，可以进一步检查。

第七章　Web 应用安全

本章讲述 Web 应用安全的 3 个方面的内容：Web 应用安全概述、Web 服务器软件的安全、Web 应用程序的安全。在每个部分的讲解中，都是通过具体的实验操作，使读者在理解基本原理的基础上，重点掌握 Web 应用安全攻防的基本技能，以逐步培养职业行动能力。Web 应用安全涉及面很广，本章只是针对一些典型的问题进行分析和讲解，还需要读者通过查找相关资料进一步拓展、加深学习。

第一节　Web 应用安全概述

目前，互联网已经进入“应用为王”的时代。随着微信、微博、社交网络、移动应用、云计算服务等一系列网络应用的广泛深入使用，作为这些网络应用载体的 Web 技术已经深入到人们社会工作生活的方方面面。这些 Web 技术为我们带来极大便利的同时，也带来了前所未有的安全风险，针对 Web 技术的安全攻击也越来越多。根据 OWASP、WASC、IBM、Cisco、Symantec、TrendMicro 等安全机构和安全厂商所公布的安全报告和统计数据，目前网络攻击中大约有 75%是针对 Web 应用的。

一、Web 应用的体系架构

传统的信息系统应用模式是 Client/Server（C/S）的体系结构。在 C/S 体系结构中，服务器端完成存储数据、对数据进行统一的管理、统一处理多个客户端的并发请求等功能，客户端作为和用户交互的程序，完成用户界面设计、数据请求和表示等工作。随着浏览器的普遍应用，浏览器和 Web 应用的结合造就了

Browse/Server（B/S）体系结构。在 B/S 体系结构中，浏览器作为“瘦”客户端，只完成数据的显示和展示功能，使得 Web 应用程序的更新、维护不需要向大量客户端分发、安装、更新任何软件，大大提升了部署和应用的便捷性，有效地促进了 Web 应用的飞速发展。

“瘦”客户端主要完成数据的显示和展示内容的渲染功能，而由 Web 服务器、Web 应用程序、数据库组成的功能强大的“胖”服务器端则完成业务的处理功能，客户端和服务器端之间的请求、应答通信通过传输网络进行。

Web 服务器软件接收客户端对资源的请求，在这些请求上执行一些基本的解析处理后，将它传送给 Web 应用程序进行业务处理，待 Web 应用程序处理完成并返回响应时，Web 服务器再将响应结果返回给客户端，在浏览器上进行本地执行、展示和渲染。目前常见的 Web 服务器软件有微软公司的 IIS、开源的 Apache 等。

作为 Web 应用核心的 Web 应用程序，最常见的是采用表示层、业务逻辑层和数据层等 3 层的体系结构。表示层的功能是接收 Web 客户端的输入并显示结果，通常由 HTML 的显示、输入表单等标签所构成；业务逻辑层从表示层接收输入，并在数据层的协作下完成业务逻辑处理工作，然后将结果送回表示层；数据层则是完成数据的存储功能。目前流行的 Web 应用程序有 ASP、ASP. NET、PHP 等。

二、Web 应用的安全威胁

针对 Web 应用体系结构的 4 个组成部分，Web 应用的安全威胁主要集中在下面 4 个方面。

（一）针对 Web 服务器软件的安全威胁

IIS 等流行的 Web 服务器软件都存在一些安全漏洞，攻击者可以利用这些漏洞对 Web 服务器进行入侵渗透。

（二）针对Web应用程序的安全威胁

开发人员在使用ASP、PHP等脚本语言实现Web应用程序时，由于缺乏安全意识或者编程3惯小良等原因，导致开发出来的Web应用程序存在安全漏洞，从而容易被攻击者所利用。典型的安全威胁有SQL注入攻击、XSS跨站脚本攻击等。

（三）针对传输网络的安全威胁

该类威胁具体包括：针对HTTP明文传输协议的网络监听行为，在网络层、传输层和应用层都存在的假冒身份攻击，传输层的拒绝服务攻击等。

（四）针对浏览器和终端用户的Web浏览安全威胁

这方面的安全威胁主要包括网页挂马、网站钓鱼、浏览器劫持、Cookie欺骗等。

三、Web安全的实现方法

从TCP/IP协议栈的角度，实现Web安全的方法可以划分为3种。

（一）基于网络层实现Web安全

传统的安全体系一般都建立在应用层上，但是由于在网络层的IP数据包本身不具备任何安全特性，很容易被查看、篡改、伪造和重播，因此存在很大的安全隐患，而基于网络层的Web安全技术能够很好地解决这一问题。IPSec可提供基于端到端的安全机制，可以在网络层上对数据包进行安全处理，以保证数据的机密性和完整性。这样，各种应用层的程序就可以享用IPSec提供的安全服务和密钥管理，而不必设计和实现自己的安全机制，因此减少了密钥协商的开销，降低了产生安全漏洞的可能性。

（二）基于传输层实现 Web 安全

也可以在传输层上实现 Web 安全。第四章第五节第三小节介绍的 SSL 协议就是一种常见的基于传输层实现 Web 安全的解决方案。SSL 提供的安全服务采用了对称加密和公钥加密两种加密机制，对 Web 服务器和客户端的通信提供了机密性、完整性和认证服务。SSL 协议在应用层协议通信之前，就已经完成加密算法、通信密钥的协商，以及服务器认证工作。在此之后，应用层协议所传送的数据都会被加密，从而保证了通信的安全。

（三）基于应用层实现 Web 安全

这种解决方案是将安全服务直接嵌入到应用程序中，从而在应用层实现通信安全。它们都可以在相应的应用中提供机密性、完整性、认证和不可否认性等安全服务。

目前，很多安全厂商都已经开发了专门针对 Web 应用的安全产品——Web 应用防护系统（也称网站应用级入侵防御系统、Web 应用防火墙，英文为 Web Application Firewall，简称 WAF）。利用国际上公认的一种说法：Web 应用防火墙是通过执行一系列针对 HTTP/HTTPS 的安全策略来专门为 Web 应用提供保护的一款产品。

同时，Web 应用防火墙还具有多面性的特点。例如，从网络入侵检测的角度来看可以把 WAF（Web Application Firewall，Web 应用防护系统）看成运行在 HTTP 层上的 IDS 设备；从防火墙角度来看，WAF 是一种防火墙的功能模块；还有人把 WAF 看作“深度检测防火墙”（深度检测防火墙通常工作在网络的第 3 层及更高的层次，而 Web 应用防火墙则在第 7 层处理 HTTP 服务并且更好地支持它）的增强。

WAF 对 HTTP（S）进行双向深层次检测：对于来自因特网的攻击进行实时防护，避免黑客利用应用层漏洞非法获取或破坏网站数据，可以有效地抵御黑客的各种攻击，如 SQL 注入攻击、XSS 攻击、CSRF 攻击、缓冲区溢出攻击、应用层 DoS/DDoS 攻击等；同时，对 Web 服务器侧响应的出错信息、恶意内容及不合规格内容进行实时过滤，避免敏感信息泄露，确保网站信息的可靠性。

第二节　Web 服务器软件的安全

一、Web 服务软件的安全漏洞

Web 服务器软件作为 Web 应用的承载体，成为攻击者攻击 Web 应用的主要目标的主要原因有以下几方面。

（1）Web 服务器软件存在安全漏洞。

（2）Web 服务器管理员在配置 Web 服务器方面时存在不安全配置。

（3）对 Web 服务器的管理没有做好，例如没有做到定期下载安全补丁、选用从网上下载的简单的 Web 服务器、进行严格的口令管理等。

虽然现在针对 Web 服务器软件的攻击行为相对减少，但还仍然存在。下面列举几类目前比较常见的 Web 服务器软件安全漏洞。

（一）数据驱动的远程代码执行安全漏洞

针对这类漏洞的攻击行为包括缓冲区溢出、不安全指针、格式化字符等远程渗透攻击。通过这类漏洞，攻击者能在 Web 服务器上直接获得远程代码的执行权限，并能以较高的权限执行命令。IIS 服务器在 6.0 以前的多个版本中就存在大量这种安全漏洞，例如著名的 HTR 数据块编码堆溢出漏洞等。IIS6.0 以后的版本虽然在安全性方面有了大幅度的提升，但还是存在这类安全漏洞，例如 2015 年 4 月发现的 HTTP 远程代码执行漏洞（漏洞编号为 MS15-034、CVE-2015-1635），存在该漏洞的 HTTP 服务器接收到精心构造的 HTTP 请求时，可能触发远程代码在目标系统以系统权限执行，任何安装了微软 IIS6.0 以上的 Windows Server 2008 R2/Server 2012/Server 2012 R2 及 Windows 7/8/8.1 操作系统都受到这个漏洞的影响。另外，Apache 服务器也被发现存在一些远程代码执行安全漏洞。

（二）服务器功能扩展模块漏洞

Web 服务器软件可以通过一些功能扩展模块来为核心的 HTTP 引擎增加其他功能，例如 IIS 的索引服务模块可以启动站点检索功能。和 Web 服务器软件相比，这些功能扩展模块的编写质量要差很多，因此也存在更多的安全漏洞。2014 年 4 月 8 日，Apache 服务器软件的 OpenSSL 模块就被曝出严重的安全漏洞。这个漏洞使攻击者能够从内存中读取多达 64KB 的数据。随后在 2015 年和 2016 年，OpenSSL 被曝出还存在其他多个重大的安全漏洞。

（三）源代码泄露安全漏洞

通过这类漏洞，渗透攻击人员能够查看到没有防护措施的 Web 服务器上的应用程序源代码，甚至可以利用这些漏洞查看到系统级的文件。例如，经典的 IIS 上的“+. hr”漏洞。

（四）资源解析安全漏洞

Web 服务器软件在处理资源请求时，需要将同一资源的不同表示方式解析为标准化名称。这个过程称为资源解析。例如将用 Unicode 编码的 HTTP 资源的 URL 请求进行标准化解析。但一些服务器软件可能在资源解析过程中遗漏了一些对输入资源合法性、合理性的验证处理，从而导致目录遍历、敏感信息泄露甚至代码注入攻击。

IIS Unicode 解析错误漏洞就是一个典型的例子，IIS4. 0/5. 0 在 Unicode 字符解码的实现中存在安全漏洞，用户可以利用该漏洞通过 IIS 远程执行任意命令。

通过上面介绍的这些 Web 服务器软件安全漏洞，攻击者可以在 Web 服务器软件层面上对目标 Web 站点实施攻击。攻击者可以在 Metasploit、Exploit-db、Security Focus 等网站上找到这类攻击的渗透测试和攻击代码。

二、Web 服务器软件的安全防范措施

针对上述各种类型的 Web 服务器软件安全漏洞，安全管理人员在 Web 服务

器的配置、管理和使用上，应该采取有效的防范措施，以提升 Web 站点的安全性。

（1）及时进行 Web 服务器软件的补丁更新。可以通过 Windows 的自动更新服务、Linux 的 Yum 等自动更新工具，达到对服务器软件的及时更新。

（2）对 Web 服务器进行全面的漏洞扫描，并及时修复这些安全漏洞，以防范攻击者利用这些安全漏洞实施攻击。

（3）采用提升服务器安全性的一般性措施，例如：设置强口令；对 Web 服务器进行严格的安全配置；关闭不需要的服务；不到必要的时候不向用户暴露 Web 服务器的相关信息等。

在下一小节中，我们将以 IIS 的安全设置为例，介绍 Web 服务器软件的安全配置方法。

三、IIS 的安全

目前，Web 服务器软件有很多，其中，IIS（Internet Information Server，Internet 信息服务）以其和 Windows NT 系统的完美结合，得到了广泛的应用。IIS 是微软公司在 Windows NT 4.0 以上版本中内置的一个免费商业 Web 服务器产品，是一个用于配置应用程序池、Web 网站、FTP 站点的工具，功能十分强大。在 Windows Server 2003/2008/2012 中内置了 IIS 服务器软件。

IIS 作为一种开放服务，其发布的文件和数据是无需进行保护的，但是，IIS 作为 Windows 操作系统的一部分，却可能由于自身的安全漏洞导致整个 Windows 操作系统被攻陷。目前，很多黑客正是利用 IIS 的安全漏洞成功实现了对 Windows 操作系统的攻击，获取了特权用户权限和敏感数据，因此加强 IIS 的安全是必要的。

下面将以 Windows Server 2003 中内置的 IIS 6.0 为例，具体介绍 Web 服务器软件的安全设置，IIS 后续版本的配置方法与此类似。

（一）IIS 安装安全

IIS 作为 Windows NT/2000/Server 2003/2008/2012 的一个组件，可以在安装

Windows NT/2000/Server 2003/2008/2012 系统的时候选择是否安装。安装 Windows NT/2000/Server 2003/2008/2012 系统以后，也可以通过控制面板中的“添加/删除程序”来添加/删除 Windows 组件。

在安装 IIS 以后，在安装的计算机上将默认生成 IUSR_ Computername 的匿名账户（其中 Computername 为计算机的名字）。该账户被添加到域用户组里，从而把应用于域用户组的访问权限提供给访问 IIS 服务器的每个匿名用户。这不仅给 IIS 带来了很大的安全隐患，还可能威胁到整个域资源的安全。因此，要尽量避免把 IIS 安装到域控制器上，尤其是主域控制器。

同时，在安装 IIS 的 Web、FTP 等服务时，应尽量避免将 IIS 服务器安装在系统分区上。把 IIS 服务器安装在系统分区上，会使系统文件和 IIS 服务器文件同样面临非法访问，容易使非法用户入侵系统分区。

另外，应避免将 IIS 服务器安装在非 NTFS 分区上。相对于 FAT、FAT32 分区而言，NTFS 分区拥有较高的安全性和磁盘利用效率，可以设置复杂的访问权限，以适应不同信息服务的需要。

（二）用户控制安全

由 IIS 搭建的 Web 网站，默认允许所有用户匿名访问，网络中的用户无需输入用户名和密码就可以任意访问 Web 网页。而对于一些安全性要求较高的 Web 网站，或者 Web 网站中拥有敏感信息时，也可以采用多种用户认证方式对用户进行身份验证，从而确保只有经过授权的用户才能实现对 Web 信息的访问和浏览。

1. 禁止匿名访问

安装 IIS 后，默认生成的 IUSR_ Computername 匿名用户给 Web 服务器带来了很大的安全隐患。Web 客户可以使用该匿名用户自动登录，但应该对其访问权限进行限制。一般情况下，如果没有匿名访问需求，可以取消 Web 的匿名服务，具体设置步骤如下。

（1）执行【开始】→【程序】→【管理工具】命令，启动【Internet 信息服务（IIS）管理器】，执行【网站】→【默认网站】→【属性】命令，打开【默认网站属性】对话框，在其中选择【目录安全性】选项卡。

（2）单击【身份验证和访问控制】选区的编辑(E)...按钮，可以打开【身份验证方法】对话框。

（3）在该对话框中，取消选中启用匿名访问(A)复选项，以取消 Web 的匿名访问服务。

2. 使用用户身份验证

在 IIS6.0 中，除了匿名访问外，还提供了集成 Windows 身份验证、Windows 域服务器的摘要式身份验证、基本身份验证和 .NET Passport 身份验证等多种身份验证方式。要启用身份验证，需要选中相应的复选项，并在【默认域】和【领域】文本框中填入要使用的域名。如果不填，则将运行 IIS 的服务器的域用作默认域。

下面简单介绍一下各种常用的身份验证方式。

（1）基本身份验证。这种身份验证方式是标识用户身份的广为使用的行业标准方法。Web 服务器在下面两种情况下使用基本验证：禁用匿名访问；由于已经设置了 Windows NTFS 权限，因此拒绝匿名访问，并且在建立与受限内容的连接之前，要求用户提供 Windows NTFS 用户名和密码。在基本验证过程中，用户的 Web 浏览器将提示用户输入有效的 Windows NTFS 账号用户名和密码。在此方式中，用户输入的用户名和密码是以明文方式在网络上传输的，没有任何加密。如果在传输过程中被非法用户截取数据包，就可以从中获取用户名和密码，因此是一种安全性很低的身份验证方式，适合于给需要很少保密性的信息授予访问权限。

（2）集成 Windows 身份验证。集成 Windows 身份验证是一种安全的验证形式，需要用户输入用户名和密码，但用户名和密码在通过网络发送前会经过散列处理，因此可以确保安全性。当启用集成 Windows 身份验证时，用户的浏览器通过与 Web 服务器进行密码交换（包括散列值）来证明其知道密码。集成 Windows 身份验证是 Windows Server 2003 家族成员中使用的默认身份验证方式，安全性较高。

集成 Windows 身份验证使用 Kerberos v5 验证和 NTLM 验证。如果在 Windows 2000 或更高版本的域控制器上安装了 Active Directory 服务，并且用户的浏览器支持 Kerberos v5 验证协议，则使用 Kerberos v5 验证，否则使用 NTLM 验证。

与基本身份验证方式不同，集成 Windows 身份验证开始时并不提示用户输入用户名和密码。客户机上的当前 Windows 用户信息可用于集成 Windows 身份验证。只有当开始时的验证失败后，浏览器才提示用户输入用户名和密码，并使用集成 Windows 身份验证进行处理。如果还不成功，浏览器将继续提示用户，直到用户输入有效的用户名和密码，或关闭提示对话框为止。

尽管集成 Windows 身份验证非常安全，但在通过 HTTP 代理连接时，集成 Windows 身份验证将不起作用，无法在代理服务器或其他防火墙应用程序后使用。因此，集成 Windows 身份验证最适合 Intranet（企业内部网）环境。

（3）Windows 域服务器的摘要式身份验证。摘要式验证提供了和基本身份验证相同的功能，但是，摘要式身份验证在通过网络发送用户凭据方面提高了安全性，在发送用户凭据前，经过了哈希计算。摘要式验证只能在带有 Windows 2000/2003 域控制器的域中使用。域控制器必须具有所用密码的纯文本复件，因为必须执行哈希计算，并将结果与浏览器发送的哈希值相比较。相对于集成 Windows 身份验证方式，摘要式身份验证方式的安全性中等。

各种身份验证方式的比较如表 7-1 所示。

表 5-4

验证方法	安全级别	如何发送密码	是否可以跨过代理服务器和防火墙使用	客户端要求
匿名身份验证	无	暂缺	是	任何浏览器
基本身份验证	低	以 Base 64 编码的明文	是	大多数浏览器

续　表

验证方法	安全级别	如何发送密码	是否可以跨过代理服务器和防火墙使用	客户端要求
摘要式身份验证	中等	哈希计算	是	Internet Explorer 5或更高版本
集成Windows身份验证	高	在使用NTLM时进哈希计算，在使用Kerberos时应用Kerberos票据	否，除非在PPTP（Point to Point Tunneling Protocal，点对点隧道协议）连接上使用	对于NTLM，要求使用Internet Explorer 2.0或更高版本；对于Kerberos，要求使用带有Internet Explorer 5或更高版本

在实际应用中，可以根据不同的安全性需要设置不同的用户验证方式。

（三）访问权限控制

1. NTFS文件系统的文件和文件夹的访问权限控制

如果将Web服务器安装在NTFS分区上，可以对NTFS文件系统的文件和文件夹的访问权限进行控制，对不同的用户组和用户授予不同的访问权限。具体的设置方法是：选择要设定访问权限的文件或文件夹，用鼠标右击并选择其快捷菜单中的[共享和安全(H)...]命令，在打开的属性对话框中选择【安全】选项卡。在该页面中就可以设置允许访问该文件夹的不同组和用户的权限了。

另外，还可以利用NTFS文件系统的审核功能，对某些特定的用户组成员读写文件的企图等方面进行审核，有效地通过监视如文件访问、用户对象的使用等，发现非法用户进行非法活动的前兆，以及时加以预防制止。具体的设置方法如下。

（1）在属性对话框中，单击[高级(V)]按钮，打开访问控制设置对话框中的

【审核】选项卡。

（2）在【审核】选项卡中，可以单击 添加(D)... 按钮，添加特定用户或组的审核功能。

（2）Web 目录的访问权限控制。对于已经设置成 Web 目录的文件夹，可以通过操作 Web 站点属性页，实现对 Web 目录访问权限的控制，而该目录下的所有文件和文件夹都将继承这些安全性设置。在【因特网信息服务（IIS）管理器】中打开站点的属性对话框，选择其中的【主目录】选项卡，在这里就可以设置 Web 目录的访问权限。下面介绍几种 Web 访问权限。

（1）脚本资源访问。如果设置了读取或写入权限，那么选中该权限可以允许用户访问源代码。建议不选中该选项，因为源代码中包含了 ASP 应用程序中的脚本，选中该权限可能使其他人利用 ASP 脚本漏洞对 Web 网站发动恶意攻击，或者暴露数据库的位置。

（2）读取。选中该权限允许用户读取或者下载文件或目录及其相关属性。如果要发布信息，该选项必须选中。

（3）写入。选中该权限，允许用户将文件上传到 Web 服务器上已启用的目录中，或更改可写文件的内容。如果仅仅是发布信息，就不要选中该选项，否则，用户将拥有向 Web 网站文件夹中写入文件和程序的权限，无疑会对系统造成重大的影响。需要注意的是，当允许用户写入时，一定要选择相应的用户身份验证方式，并设置磁盘配额，以防止非法用户的入侵，以及授权用户对磁盘空间的无限制滥用。

（4）目录浏览。选中该权限，允许用户看到该虚拟目录下的文件和子目录的超文本列表。由于借助目录浏览权限可以显示 Web 网站的目录结构，进而判断 Web 数据库和应用程序的位置，从而对网站进行恶意攻击，因此，除非特别需要，不要选中该选项。

（5）记录访问。选中该权限，可以将 IIS 配置成在日志文件中记录对该目录的访问情况。借助该日志文件，可以对 Web 网站的访问进行统计和分析，因此是有益于系统安全的。不过，只有启用了该网站的日志记录后，才会有记录访问。

（6）索引资源。选中该权限，允许 Microsoft Indexing Service 将该目录包含在 Web 网站的全文索引中。

（四）IP 地址控制

如果使用前面介绍的用户身份验证方式，每次访问站点时都需要输入用户名和密码，对于授权用户而言比较麻烦。IIS 可以设置允许或拒绝从特定 IP 发来的服务请求，有选择地允许特定节点的用户访问 Web 服务，可以通过设置来阻止除了特定 IP 地址外的整个网络用户来访问 Web 服务器。因此，通过 IP 地址来进行用户控制是个非常有效的方法。

在站点的属性对话框中，选择【目录安全性】选项卡，单击【IP 地址和域名限制】选区的 编辑(I)... 按钮，打开【IP 地址及域名限制】对话框。在该对话框中，可以对访问 Web 服务器的 IP 地址进行控制。

假定选中 授权访问(R) 单选项，然后单击 添加(D)... 按钮，这时将通过以下 3 种方式来限制连接。

（1）一台计算机：利用 IP 地址来拒绝某台计算机访问 Web 网站。

（2）一组计算机：利用网络标识和子网掩码来拒绝某一个网段内的所有计算机访问 Web 网站。

（3）域名：利用计算机域名来拒绝某台计算机访问 Web 网站。

通过上面的方法设置的所有被拒绝访问的计算机，都会显示在【IP 地址及域名限制】对话框的列表框中。以后如果这些计算机访问该网站，就都会显示“您未被授权查看该页”的提示，而其他所有的计算机都具有访问该网站的权限。

【拒绝访问】和上面讲的【授权访问】正好相反。通过【拒绝访问】设置将拒绝所有的计算机和域对该网站的访问，但特别授予访问权限的计算机除外。选中 拒绝访问(N) 单选项并单击 添加(D)... 按钮，会打开【授权访问】对话框，用来添加特别授予访问权限的计算机，其操作方法和拒绝访问的 3 种方式相同，这里不再重复。

（五）端口安全

对于IIS服务，无论是Web站点、FTP站点还是SMTP服务，都有各自的TCP端口号用来监听和接收用户浏览器发出的请求，一般的默认端口号为：Web站点是80，FTP站点是21，SMTP服务是25。可以通过修改默认TCP端口号来提高IIS服务器的安全性，因为如果修改了端口号，就只有知道端口号的用户才能访问IIS服务器。

要修改端口号，可以打开站点的【属性】对话框，选择【网站】选项卡，在其中输入新的TCP端口号即可。

这样，用户在访问该网站时，就必须使用新的端口号。例如，原来可以直接输入“http：//www.szpt.net”访问的网站，修改了TCP端口号以后，就必须使用新的网址“http：//www.szpt.net：8081”才能访问（假设修改后的TCP端口为8081）。

（六）IP转发安全

IIS服务可以提供IP数据报的转发功能，此时，充当路由器角色的IIS服务器将会把从因特网接口收到的IP数据报转发到内网中。为了提高IIS服务的安全性，应该禁用这一功能。

可以通过修改注册表完成IP转发功能的设置。在注册表项“HKEY_ LOCAL_ MACHINE \ SYSTEM \ CurrentControlSet \ Services \ Tcpip \ Parameters \ ”中，将键“IPEnableRouter”的值从1改为0即可。

（七）SSL安全

SSL（Secure Sockets Layer，安全套接层）是Netscape公司为了保证Web通信的安全而提出的一种网络安全通信协议。SSL协议采用了对称加密技术和公钥加密技术，并使用了X.509数字证书技术，实现了Web客户端和服务器端之间数据通信的保密性、完整性和用户认证，其工作原理如下：使用SSL安全机制时，首先在客户端和服务器之间建立连接，服务器将数字证书连同公开密钥一起发给客户端，在客户端，随机生成会话密钥。然后使用从服务器得到的公开密钥加密会话密钥，并把加密后的会话密钥在网络上传送给服务器，服务器使用相应的私人密钥对接收的加密了的会话密钥进行解密，得到会话密钥。之后，客户端和服务器端就可以通过会话密钥加密通信的数据了。这样客户端和服务器端就建立了一个唯一的安全通信通道。

SSL安全协议提供的安全通信有以下3个特征。

1. 数据保密性

在客户端和服务器端进行数据交换之前，交换SSL初始握手信息。在SSL握手过程中采用了各种加密技术对其进行加密，以保证其机密性和数据完整性，并且用数字证书进行鉴别。这样就可以防止非法用户进行破译。在初始化握手协议对加密密钥进行协商之后，传输的信息都是经过加密的数据。加密算法为对称加密算法，如DES、IDEA、RC4等。

2. 数据完整性

通过MD5、SHA等Hash函数来产生消息摘要，所传输的数据都包含数字签名，以保证数据的完整性和连接的可靠性。

3. 用户身份认证

SSL可分别认证客户机和服务器的合法性，使之能够确信数据将被发送到正确的客户机和服务器上。通信双方的身份通过公钥加密算法（如RSA、DSS等）实施数字签名来验证，以防假冒。

对于安全性要求高、可交互的Web站点，建议启用SSL（以“https：//”开头的URL）进行Web服务器和客户端之间的数据传输。

第三节　Web应用程序的安全

Web应用程序作为Web应用的核心，实现方式包括早期的CGI脚本程序，以及目前流行的ASP、ASP.NET、PHP等动态脚本程序，其重要性不言而喻。但由于Web应用程序的复杂性和灵活性，以及开发周期短、代码质量和测试水平低等特点，是目前Web应用几个环节中安全性最薄弱的环节。

一、Web 应用程序的安全威胁

国际知名的安全团队 WASC（Web Application Security Consortium）在 2004 年公布的《WASCWeb 安全威胁分类 v1. O》中，将 Web 应用程序安全威胁从攻击技术的角度分成以下 6 类。

（1）针对认证机制的攻击：针对用来确认用户、服务或应用程序身份认证机制的攻击手段，包括暴力破解、利用认证机制不完善的弱点、攻击口令恢复验证机制等。

（2）针对授权机制的攻击：针对用来确认用户、服务或应用程序是否具有执行动作权限的攻击手段，包括利用授权机制不完善的弱点、利用会话失效机制不完善的弱点、会话身份窃取攻击等。

（3）客户端攻击：扰乱或渗透攻击 Web 站点客户端用户的攻击手段，包括内容欺骗、跨站脚本攻击等。

（4）命令执行攻击：在 Web 站点上执行远程命令的攻击手段，包括缓冲区溢出、格式化字符串、操作系统命令注入、SQL 注入等。

（5）信息暴露：获取 Web 站点的相关系统信息的攻击手段，包括目录列举、路径遍历、资源位置预测等。

（6）逻辑攻击：扰乱或渗透攻击 Web 应用逻辑流程的攻击手段，包括功能滥用、拒绝服务攻击、对抗自动程序不完善、处理验证过程不完善等。

WASC 团队在 2010 年最新公布的《WASCWeb 安全威胁分类 v2. 0》中，也列出了 Web 应用程序的 15 类安全弱点（Weaknesses）和 34 种攻击技术手段（Attacks）。XSS 跨站脚本、SQL 注入、会话身份窃取等攻击仍然是主要的攻击技术手段。

另外，一个在 Web 安全领域非常知名的安全研究团队 OWASP（Open Web Application Security Project），也分别在 2007 年、2010 年、2013 年公布了 Top10Web 应用程序安全风险（Risks），其中最新的 2013 年版如表 7-2 所示。OWASP 被视为 Web 应用安全领域的权威参考，是目前 IBMAPPSCAN、HPWEBINSPECT 等扫描器进行漏洞扫描的主要标准。

表 7-2　OWASP 团队公布的 Top 10 Web 应用程序安全风险（2013 版）

排名	OWASP Top 10
1	代码注入
2	不安全的身份认证和会话管理
3	跨站脚本（XSS）
4	不安全的直接对象引用
5	不安全的配置
6	敏感信息泄露
7	功能级访问控制缺失
8	跨站请求伪造（CSRF）
9	使用含有已知漏洞的组件
10	未经安全验证的重定向和转发

二、Web 应用程序的安全防范措施

下面提供几个在提升 Web 应用程序安全方面可以参考的措施。

（1）在满足需求的情况下，尽量使用静态页面代替动态页面。采用动态内容、支持用户输入的 Web 应用程序较静态 HTML 具有较高的安全风险，因此在设计和开发 Web 应用时，应谨慎考虑是否使用动态页面。通常信息发布类网站无需使用动态页面引入用户交互，目前搜狐、新浪等门户网站就是采用了静态页面代替动态页面的构建方法。

（2）对于必须提供用户交互、采用动态页面的 Web 站点，尽量使用具有良好安全声誉和稳定技术支持力量的 Web 应用软件包，并定期进行 Web 应用程序的安全评估和漏洞检测，升级并修复安全漏洞。

（3）强化程序开发者在 Web 应用开发过程的安全意识和知识，对用户输入的数

据进行严格验证，并采用有效的代码安全质量保障技术，对代码进行安全检测。

（4）操作后台数据库时，尽量采用视图、存储过程等技术，以提升安全性。

（5）使用 Web 服务器软件提供的日志功能，对 Web 应用程序的所有访问请求进行日志记录和安全审计。

下面两小节，以 SQL 注入和跨站脚本攻击这两种最常见的 Web 应用程序攻击技术为例，介绍 Web 应用程序攻防的具体做法。

三、SQL 注入

代码注入是利用程序开发人员在开发 Web 应用程序时，对用户输入数据验证不完善，导致 Web 应用程序执行了由攻击者所注入的恶意指令和代码，造成信息泄露、权限提升或对系统的未授权访问等后果。在 OWASP 团队先后 3 次公布的 Top 10 Web 应用程序安全风险中，SQL 注入都位列前两名。

SQL 注入是最常见的一种代码注入方法。它通常是由于没有对用户输入进行正确的过滤，以消除 SQL 语言中的字符串转义字符，如单引号（’）、双引号（"）、分号（;）、百分号（%）、井号（#）、双减号（--）、双下画线（_ _）等；或者没有进行严格的类型判断，例如没有对用户输入参数进行类型约束的检查，从而使得用户可以输入并执行一些非预期的 SQL 语句。

实现 SQL 注入的基本步骤是：首先，判断环境，寻找注入点，判断网站后台数据库类型；其次，根据注入参数类型，在脑海中重构 SQL 语句的原貌，从而猜测数据库中的表名和列名；最后，在表名和列名猜解成功后，再使用 SQL 语句，得出字段的值。当然，这里可能需要一些运气的成分。如果能获得管理员的用户名和密码，就可以实现对网站的管理。

手动实现 SQL 注入还需要很多 ASP 和 SQLServer 等相关知识，这里不进行具体的介绍，读者可以查阅相关的文献。为了提高注入效率，目前网络上有很多 ASP 页面注入的工具可以使用，这里通过实验来演示使用明小子注入工具进行 SQL 注入的方法。

【实验目的】

通过使用注入工具进行 Web 网站注入，理解 SQL 注入的基本思路和一般方法，以便做针对性的防范。

【实验原理】

SQL 注入的工作原理。

【实验环境】

预装 Windows 7/XP/Server 2003/Server 2008 操作系统的主机、并能访问因特网。

软件工具：明小子注入工具。

【实验内容】

使用注入工具对一个网站进行 SQL 注入，得到管理员的用户名和密码，具体的 SQL 注入步骤如下。

（1）选择一个网站进行注入，将该网站地址添加到注入工具的扫描网站列表中。在明小子注入工具主界面的【SQL 注入】页面中，单击添加网址按钮，在弹出的【添加检测网址】对话框中添加网址。

（2）单击批量分析注入点按钮，扫描出该网站的所有注入点——SQL 漏洞。

（3）选择其中的一个注入地址，并将其复制到【SQL 注入猜解检测】页面中的【注入点】文本框中，单击开始检测按钮检测该 URL 是否可以进行注入。

（4）如果该 URL 可以进行注入，则可以依次单击【猜解表名】【猜解列名】和【猜解内容】按钮进行表名、列名和字段内容的猜解。

（5）表 admin 中有【username】列和【password】列，admin 账号（很可能是管理员的账号）的密码的 MD5 值为“28246aae49fd7565”。

（6）接下来需要得到该网站的管理入口。切换到【管理入口扫描】页面，单击扫描后台地址按钮，可以得到网站管理入口地址。

（7）可以通过尝试，知道在获取的地址中到底哪一个才是真正的网站管理地址。

（8）最后的任务就是破解经过加密的管理员账号 admin 的密码。可以通过人工猜测或者 MD5 破解工具或者 MD5 破解网站来实现。

（9）有了网站的管理地址入口和管理员的账号、密码之后，即可登录网站的管理页面进行管理。至此，一次 SQL 注入成功。

（10）SQL 成功注入后，可以通过多种方式对 Web 服务器进行攻击。例如，在

Web 网站管理中找出 ASP 上传的漏洞、上传 ASP 木马和 Webshell 来获取服务器的账户和密码。然后，通过远程登录，进入服务器，并在服务器上安放灰鸽子等木马程序，留下后门以便下次进入。

针对 SQL 注入攻击的防御，可以采用下面的几种方法。

（1）最小权限原则，如非必要，不要使用 sa、dbo 等权限较高的账户。

（2）对用户的输入进行严格的检查，过滤掉一些特殊字符，强制约束数据类型、约束输入长度等。

（3）使用存储过程代替简单的 SQL 语句。

（4）当 SQL 运行出错时，不要把全部的出错信息全部显示给用户，以免泄露一些数据库的信息。

四、跨站脚本攻击

跨站脚本攻击（Cross Site Scripting，XSS）是和代码注入攻击一样，是目前最常见的 Web 应用程序安全攻击手段。该攻击是利用 Web 应用程序的漏洞，在 Web 页面中插入恶意的 HTML、JavaScript 或其他恶意脚本。当用户浏览该页面时，客户端浏览器就会解析和执行这些代码，从而造成客户端用户信息泄露、客户端被渗透攻击等后果。

与代码注入攻击类似，跨站脚本攻击同样是利用 Web 应用程序对用户输入数据的过滤和安全验证不完善的漏洞。但与代码注入攻击不同的是，跨站脚本攻击的最终目标不是提供服务的 Web 应用程序，而是使用 Web 应用程序的用户。在这里，Web 应用程序成为跨站脚本攻击的“帮凶”，而非真正的“受害者”。

XSS 根据效果的不同可以分成以下两类。

（一）反射型 XSS

这是目前最为普遍的跨站脚本类型。它只是简单地把用户在 HTTP 请求参数或 HTML 提交表单中提供的数据“反射”给浏览器。也就是说，黑客往往需要诱使用户“单击”一个恶意链接，才能攻击成功。反射型 XSS 也叫作非持久型 XSS，其最经典的例子是站点搜索功能。如果用户搜索一个特定的查询字符串，这个查询字符串通常会在查询结果页面中进行重新显示，而如果查询结果页面没有对用户输入的查询字符串进行完善的过滤和验证，以消除 HTML 控制字符，那么就有可能导致被包含 XSS 跨站脚本攻击脚本，从而使得受害者浏览器连接到漏洞站点页面的 URL。在这种情况下，攻击者就可以入侵受害者的安全上下文环境，窃取他们的敏感信息。

（二）存储型 XSS

这种跨站脚本的危害最为严重。它将用户输入的数据持久性地“存储”在 Web 服务器端，并在一些“正常”页面中持续性地显示，从而能够影响所有访问这些页面的其他用户。因此，此类 XSS 也称为持久性 XSS。此类 XSS 攻击通常出现在博客、留言本、BBS 论坛等 Web 应用程序中。比较常见的一个场景就是，黑客写下一篇包含恶意脚本代码的博客文章，文章发表后，这些恶意脚本就被永久性地包含在网站页面中，当其他用户访问该博客文章时，就会在他们的浏览器中执行这段恶意脚本。

参考文献

[1] 李剑．计算机网络安全[M]．北京:机械工业出版社, 2019.

[2] 王艳柏,侯晓磊,龚建锋．计算机网络安全技术[M]．成都:电子科技大学出版社, 2019.

[3] 刘毅新,赵莉苹,朱贺军．计算机网络安全关键技术研究[M]．北京:北京工业大学出版社,2019.

[4] 郭丽蓉,丁凌燕,魏利梅．计算机信息安全与网络技术应用[M]．汕头:汕头大学出版社, 2019.

[5] 邓才宝．计算机网络技术与网络安全问题研究[M]．西安:西北工业大学出版社, 2019.

[6] 葛彦强．计算机网络安全实用技术[M]．北京:中国水利水电出版社,2010.

[7] 武春岭．信息安全技术与实践[M]．北京:电子工业出版社,2012.